# 残酷な進化論

## なぜ私たちは「不完全」なのか

更科 功 Sarashina Isao

# はじめに

有名な大企業でかなり偉かった男の人が定年になった。その人は再就職をしようと思って、ハローワーク（公共職業安定所）へ相談に行ったり、いろいろな会社へ面接に行ったりした。でも、大企業にいたころの自分を忘れることができない。

「そんな条件で働けるわけがないだろう。バカにするな、俺を誰だと思ってるんだ」

つい、そんな言葉が口から出てしまう。そんな小説を最近読んで、こんな空想をしてしまった。

ときは30世紀。地球では宇宙旅行が日常的になり、さまざまな星の宇宙人とも交流するようになった。そんな折、地球に巨大な隕石が衝突し、地球は粉々になってしまった。幸い、隕石が衝突することは前もってわかっていたため、地球の生物はいろいろな宇宙人の星に移住させてもらって、ことなきを得た。

アルファ星には、ヒトとミミズとマツが移住させてもらった。

「たいへんでしたね。母星がなくなるなんて、なんてお気の毒なことでしょう」

最初は同情してくれて優しかったアルファ星人も、だんだんと地球の生物がお荷物になってくる。

「まったく、働きもしないでご飯ばかり食べて。厚かましいねえ、地球の生物は」

聞こえよがしにそんなことを言われると、居づらくてしかたがない。そこで、まずマツが働き始めた。マツは光合成ができるので、二酸化炭素から酸素をつくり始めた。アルファ星人も酸素を吸うので、マツはとても感謝された。

「なかなか、マツはよく働くじゃないか。マツのそばに行くと、酸素がたくさん吸えるから気分がよくなるよ。それにひきかえ、ヒトとミミズは役に立たないねえ」

居づらくなったミミズは、農地で働き始めた。ミミズは農地の土の中を動き回ることによって、土壌を改良することができる。

「なかなか、ミミズもよく働くじゃないか。ミミズのおかげで、作物の収穫量が増えたよ。それにひきかえ、ヒトは役に立たないねえ」

それを聞いて、ヒトは腹を立てた。

「バカにするな、俺を誰だと思ってるんだ。ヒトだぞ。地球にいたころ、どんなに俺が偉かったか、お前たちにはわかっているのか。ミミズよりマツより偉かったんだぞ」

アルファ星人は顔をしかめた。

「じゃあ、あなたには、ミミズにもマツにもできないことが、何かできるんですか?」

「で、できるさ」

「何ですか?」

「う〜ん。そ、そうだ、足し算だ。俺には足し算ができるぞ」

でも、足し算はアルファ星人にもできるので、結局ヒトは、何の役にも立ちませんでした。

地球にはさまざまな生物がいる。その中で、現在ヒトという類人猿の1種が大繁栄をしている。でもそれは、たまたま現在の地球で繁栄しているということであって、別の場所や時代に行ったら、どうなるかはわからない。いや、100年後ですら、どうなっているかわからないだろう。

私たちヒトは進化の頂点でもないし、進化の終着点でもない。私たちは進化の途中にいるだけで、その意味では他のすべての生物と変わらない。
それに、いくら進化したって、環境にぴったりと適応する境地には辿り着けない。そのことは、ある場所に昔から住んでいて適応している種を、しばしば外来種が簡単に駆逐してしまうことからも明らかだ。環境に「完全」に適応した生物というのは、理想というか空想の産物であって、そんな生物はいない。あくまでも生物は（もちろん私たちヒトも）、「不完全」な存在なのだ。

私たちはヒトという種を特別視する傾向があるけれど、それはおそらく脳が大きいからだろう。しかし、約4万年前に絶滅するまではネアンデルタール人のほうが私たちより脳が大きかったわけだし、そもそも脳が大きいことがいいことか悪いことかも微妙である。

ヒトはどんどん進化しているけれど、進化というのは単に変化することであって、よくなることも悪くなることもある。進化とは向上することではないし、生きることにも崇高（すうこう）な目的があるわけではない（もちろん、崇高な目的のために生きることはできるだろうが、それは生きている途中で各自が決めることである）。生物にとっては生きること自体が目的であって、それはヒトも大腸菌も同じである。

つまり、ヒトって、大したことはないのだ。オンリー・ワンではあるけれど、ナンバー・

ワンではないのだ。だから、ヒトという種が偉いと思っている人には、ある意味、進化というのは残酷なものかもしれない。だって、ヒトを特別扱いしてくれないから。

もしも地球がなくなって、あなたが他の星に移住することになったら……、あなたはハロープラネットに相談に行くかもしれない。そうしたら、温和で性格のよいあなたは、声には出さないけれど……、もしかしたら、心の中で思うかもしれない。

バカにしないでよ、私を誰だと思ってるの？　ヒトよ。地球では、偉かったのよ。

そのときハロープラネットの相談員は、どんなことをあなたに言うだろうか。そんなことを考えながら、書かせていただいたのが本書である。

残酷な進化論——なぜ私たちは「不完全」なのか　目次

校閲　猪熊良子
図版作成　手塚貴子
ＤＴＰ　佐藤裕久

# 序章　なぜ私たちは生きているのか

## 生きる目的はあるか

なぜ、私たちは生きているのだろうか。いつかは死ぬにしても、たいてい私たちは、なるべく長く生きていようとする。でも、なぜ生きようとするのだろう。生きる目的とか、生きる意味とか、何かそういうものがあるのだろうか。

いきなり生きる目的とかを聞かれても、正面から答えることは難しい。そこで、別の角度から考えてみることにしよう。私たち生物に似たもので考えてみるのだ。たとえば台風だ。

台風ができるメカニズムは、なかなか複雑である。いくつもの条件、たとえば空気が熱帯で温められることや、地球が自転しているために空気が反時計回りに回転すること、その空気に何らかのうねりが生じることなどが必要らしい。

しかし、これらの条件が揃って、もう少しで台風ができそうになっても、ほとんどは発達せずに消えてしまう。運よく（人間にとってはたいてい運悪く）ある一線を越えたものだけが、台風に成長するようだ。

いったん台風ができると、数日は活動し続ける。台風の平均寿命はおよそ5日だが、中には20日近く活動し続ける台風もある。台風は活動しているあいだ、水蒸気が水になるときに出す熱を、主なエネルギー源にしている。水蒸気を大量に発生させるのは温かい海水なので、つきつめて言えば、台風のエネルギー源は海水の熱エネルギーと言ってよい。そのエネルギーで、周囲の水蒸気や空気を取り込んで台風に成長するのである。

つまり、台風のご飯は海水の熱だ。台風は海水の熱を食べながら、数日間生きるのである。しかし、地球の自転に影響されて、台風が北上すると海水の温度が下がってくる。すると、台風のご飯が減ってくる。

また、上陸しても、ご飯が食べられなくなる。そうすると、台風は弱っていく。そして、ついにはなくなってしまう。ご飯を食べ続けないと、台風は生きていくことができないのである。

## 台風も「生きて」いる

２０１７年の夏に発生した台風５号は、２つに分裂した台風として有名である。台風５号は和歌山県に上陸したあと、ゆっくりと東寄りに北上を続け、岐阜県から長野県にかけた山脈にぶつかって２つに分裂したのだ。

台風はご飯を食べているあいだは活動を続けるし、分裂して増えることもある。そして、ご飯を食べられなくなったら消える。もしも何十年も存在し続ける台風があったら、どうなるだろうか。地球では無理だけれど、宇宙のどこかの惑星では、台風がずっとエネルギーを吸収し続けていられる環境が存在するかもしれない。

その惑星では、海の上に台風がたくさんいる。ときどき陸に上がって山脈にぶつかれば、２つに分裂する。分裂すると小さくなるけれど、また温かい海の上に出てくれば、熱を吸収して元のように大きくなる。こういう状況が長期間にわたって続けば、台風はどのように変化していくだろうか。

そもそも台風にもいろいろなものがある。もしかしたら、台風の回転の仕方や台風自身の湿度などによって、山脈にぶつかったときの分裂の仕方に違いがあるかもしれない。そして回転の仕方や湿度なら、分裂の前後で受け継がれる可能性が高い。ということは、分裂しやすい台風の場合、その子供も分裂しやすいし、分裂しにくい台風の場合は、その子供も分裂しにくい可能性がある（ここで、台風の子供と言うのは、分裂したあとの台風を指している）。

また、もしかしたら、回転の仕方や湿度によって、熱の吸収しやすさにも違いがあるかもしれない。もしそうなら、熱を吸収しやすい台風のほうが増えていくかもしれない。その惑星の環境が変化して、温度が少し下がることだってあるだろう。そういうときに生き残るのは、熱を吸収しやすい台風だからだ。

その結果、分裂しにくい台風は減っていき、分裂しやすい台風が増えていく。熱を吸収しにくい台風は減っていき、熱を吸収しやすい台風が増えていく。つまり、台風は進化する。

まあ、こう上手くいくかどうかはわからないけれど、とりあえず上手くいくとしよう。そうすると、この惑星にはたくさんの台風が住むことになる。海の上をいくつもの台風が動きまわって、海水の熱を吸収している。熱を吸収すると台風は元気になって、いっそう速く風を吹かせる。ときどきは熱を吸収するのをやめて陸に上がり、山脈にぶつかって分裂する。そうして生まれた子供の台風は、陸から海に下りてきて、熱を吸収し始める。そうして成長して、大人の台風になるのである。

この台風には、生きる目的なんてないだろう。しょせん台風なんて、ただ空気が動いているだけだ。でも、この台風は、かなり生物に似ている。少なくとも、大昔に生きていた初期の生物とは、そっくりかもしれない。もちろん材料は違う。台風は空気でできているけれど、初期の生物は有機物でできていた（だろう）。

それに生物は細胞膜とか皮膚とか、必ず何らかの仕切りで外の世界と区切られている。簡単に言うと、袋で包まれている。台風にはそういう仕切りはない。しかし、台風も初期の生物も、周囲からエネルギーや物質を吸収し続けて一定の形を保ち、子供をつくり、そしてエネルギーや物質を吸収できなくなると壊れる。それらの点では、そっくりだ。

そこで、ここでは仮に、台風のことも「生きている」と表現することにしよう。つまり「エネルギーを吸収しているあいだだけ一定の形をしていて、ときどき同じものを複製する」ことを「生きている」と表現するわけだ。

周囲からエネルギーや物質を吸収し続けて一定の形をつくっている構造を「散逸（さんいつ）構造」と言う。身近な例としては、台風の他に、ガスコンロの炎も散逸構造である。これはロシア出身のベルギーの物理学者、イリヤ・プリゴジン（１９１７〜２００３）が提唱した構造だ。

プリゴジンは、この散逸構造の研究で、1977年にノーベル化学賞を受賞している。
つまり「複製する散逸構造」を、ここでは仮に「生きている」と表現するのである。

## 生きるようにつくられたのが生物

では、台風はどのようにして生きるようになったのだろうか。おそらく最初は、海水の温度が上がっただけだった。それから、海の上の水蒸気が増えていった。これらは、ただの物理現象だ。しかし、いろいろな物理現象が重なった結果、台風は生きるようになった。たまたま、生きるようになったのだ。たまたま「エネルギーを吸収しているあいだだけ一定の形をしていて、ときどき同じものを複製する」ようになっただけなのだ。

生物だって同じだろう。たまたま膜で包まれた構造の有機物ができて、それらがたまたま生きるようになったのだろう。たまたま「エネルギーを吸収しているあいだだけ一定の形をしていて、ときどき同じものを複製する」ようになったのだろう。

きっと大昔の地球では、たくさんの「複製する散逸構造」が生まれたことだろう。でも、ほとんどは、すぐに消えてしまったに違いない。地球上の台風みたいに、生まれては消え、消えては生まれていたのだろう。その中で、たまたま膜に包まれて、たまたま長く消えない、そんな「複製する散逸構造」ができた。そして、いまのところ約40億年のあいだ、消えずに残っている。それが現在の地球の生物だ。

そうだとすると、生きる目的とか生きる意味とかを考えるのは、少し変な気がする。だって、生きる構造になった結果、生まれたものが生物なのだから、「生きる」より後ろにくるものはあっても、「生きる」より前にくるものはないのではないか。「生きる」ために大切なことはあっても、「生きる」より大切なことはないのではないか。つまり、生きるために生きているのが生物なのではないだろうか。

私たちはいろいろなことを考えながら生きている。もちろん、夢を追ったり、人のために努力したりするのは尊(とうと)いことだ。可能なときは、そういう生産的な行動を積極的にするのもよいだろう。しかし調子が悪いときは、前向きに生きられないこともある。さまざまな事情で自由に生きられない人もいる。

そういうときには、私たちは人間である前に、生物であることを思い出すのもよいかもしれない。生物は生きるために生きているのだから、私たちだって、ただ生きているだけで立派なものなのだ。何もできなくたって、恥じることはない。そんな生物は、たくさんいる。

２０１７年にオウムアムアと呼ばれる天体が発見された。その軌道から、オウムアムアは太陽系の外から飛んできたものと考えられている。いままで人類が観測してきた彗星などの天体は、すべて太陽系の中の天体だったので、オウムアムアは初めての「恒星間天体」として注目された。

さらに、オウムアムアは宇宙人がつくった宇宙船の成れの果てではないか、という噂まで立った。もちろん、実際にはそんなことはないだろうが、そんな夢も見させてくれたのだ。

そんな噂が立った理由の１つは、オウムアムアの形だ。長さがおよそ８００メートルの棒のような形をしているのだ。普通の天体は球状か、あるいは凸凹していてもそれほど細長くない。棒のような形の天体はオウムアムアが初めてだった。

宇宙空間を移動する宇宙船は、細長い形がよい。宇宙空間は真空に近いけれど、完全な真空ではないので、ガスや塵や小石のようなものが、少しはある。そういうものにぶつかる確率を低くするには、細長い形をしているほうがよい。

宇宙人の乗り物として円盤状の宇宙船が想像されることがあるが、実際にはそういうことはないだろう。完全に真空の場合はともかく、周りに物質があるところで動くには、細

オウムアムアのイメージ（提供：ESO/M. Kornmesser）

長い形が便利なのだ。だから、オウムアムアの形から、宇宙船の成れの果てではないかという夢が見られたのである。

生物の話に戻ろう。生きるより大切なことはないかもしれないが、生きるために大切なことはある。たとえば、食べることだ。散逸構造を維持するには、エネルギーを供給し続けなくてはならないからだ。

植物なら光合成によって有機物をつくることができるので、他の生物を食べなくてもよい。しかし私たちは、残念ながら光合成をすることはできない。だから、有機物を手に入れるために、他の生物を食べなくてはいけない。肉や野菜を食べなくてはいけないのだ。

寝転んで口を開けているだけではダメだ。自らすすんで、口の中に飛び込んできてくれる生物など、そうそういない。だから、私たちのほうが動かなくてはならない。動いて、他の生物を口の中に入れなくてはいけない。

動くためには、オウムアムアのように細長いほうがよい。さらに言えば、左右対称なほうがよい。たとえば、ある魚には、鰭が左右についているとする。真っすぐに進むには両方の鰭を使えばよいし、右か左に行くには片方の鰭を使えばよい。もしも魚の鰭が左右対称ではなくて、片方にしかついていなければ、グルグルと回ってしまうので、あまり遠くへは行けないだろう。

あまり動かないクラゲやほとんど動かない植物は、円に近い形だったり、まったく対称形でなかったりする。それでも困らないのだろう。しかし、活発に動き回る動物は、たいてい左右対称な形をしていて、「左右相称動物」と呼ばれる。

ただし、左右対称なのは体の外側だけでよい。体の中は、動くときには関係ないので、左右対称でなくてもさほど困らない。私たちヒトの体も、外側はほぼ左右対称だが、内側はあまり左右対称になっていない。心臓も肝臓も胃も、左右対称にはなっていない。私たちの体の内側は、体の外側とは違う規則に従っているようだ。それでは、まずは内側から見ていくことにしよう。

# 第1部 ヒトは進化の頂点ではない

# 第1章　心臓病になるように進化した

## 一将功成りて万骨枯る

一将功成りて万骨枯る。これは中国の唐代の詩人・曹松（830?〜901）が詠んだ詩の一部である。一人の将軍が戦に勝って名を上げた一方で、無名のまま死んでいった多くの兵士が戦場に屍をさらしている。じつに不条理な話だが、こういうことは戦場に限らず、世の中のさまざまな場面で起きているだろう。

私は、自分の体のことを考えるたびに、この言葉が頭をよぎる。私たちヒトは多細胞生物だ。人生の最初は、受精卵というたった1つの細胞からスタートするが、それから細胞分裂を繰り返して、たくさんの細胞から成る体をつくる。大人になれば、だいたい40兆個の細胞からできていると見積もられている。

これらの細胞は、一つひとつが生きている。しかし、それぞれの細胞が好き勝手に分裂したら、私の体は滅茶苦茶になってしまう。だから、それぞれの細胞は周りと協調しながら、私という個体のために、いろいろと尽くしてくれる。分裂をやめてくれることもあるし、場合によっては自ら死んでくれることもある。その結果、私という多細胞生物は、ヒトの形を保って生きていける。たくさんの細胞の犠牲の上に、私という個体は生きているのである。

ところが、突然変異などで、細胞がおかしくなってしまうことがある。言うことを聞かなくなってしまうことがある。その例ががん細胞で、私たちの体の中で好き勝手に動いたり分裂したりする。これを放っておいたら、私たちの体は滅茶苦茶になってしまう。もっとも、がん細胞も生きていくためには、酸素を吸ったり栄養を摂(と)ったりしなくてはならない。がん細胞といえども、酸素や栄養なしに増えられるわけがないからだ。

細胞は、酸素や栄養を血液から吸収する。がん細胞も例外ではない。だから、がん細胞には、血管をつくる能力がなければならない。がん細胞が勝手に増えていけるのは、増えながら新しく血管をつくっているからだ。がん細胞は、「血管内皮増殖因子」という物質を出す能力があり、分裂して増えながら、自分のために血管をつくり続けているのである。

普通の細胞ではどうだろうか。たとえば、大昔の動物は体が小さかった。体が小さければ、体の中の細胞も、体の表面からそれほど離れた場所にはないはずだ。ましてや単細胞生物から多細胞生物になって間もないころは、どの細胞も体の表面近くにあっただろう。それなら、皮膚から入ってくる空気が自然に拡散することだけに頼っても、必要な酸素や栄養を手に入れることができる。だから、血管や心臓はいらない。

しかし、いまの私たちのように体が大きくなると、そうはいかない。体中に血液を行き渡らせないと、細胞が酸素や栄養を手に入れることができず、生きていけない。そのため、私たちの体の中には、網の目のように血管が張り巡らされ、そこに血液を送り出す心臓が必要になったのである。

## 肺が壊れないための工夫

心臓は血液を送り出すポンプの役割を果たしている。その動物が死ぬまで一生動き続けて、血液を体中に送り届けなければならないのだから、心臓は大変だ。とはいえ私たちに比べれば、カエルやトカゲの心臓にはそれほど負担がかからない。カエルやトカゲは四つん這い(ば)になって地面を歩くので、頭から尻尾(しっぽ)までだいたい同じ高さである。だから、心臓は血液をほぼ横に送り出せばよい。

しかし、私たち哺乳類や鳥類は、体が上下に長くなっている。まず、体の真下に脚がついていて、その脚を下に真っすぐ伸ばしている。だから、胴体が地面よりかなり高いところにある。

その上、頭は胴体よりもさらに高いところにある。その結果、頭のてっぺんから足先までは、かなりの高低差になる。この一番上から一番下まで血液を送らなければならないのだから、心臓の負担は大変なものになる。血液を横に送り出すのと上下に送り出すのでは、必要な力がまったく違うからだ。中でも首の長いキリンや頭の大きいヒトは大変だろう。

しかも、哺乳類や鳥類は、活発に動く動物である。だから体中の細胞、特に筋細胞が、たくさんの酸素や栄養を必要とする。だから心臓は、ますますたくさんの血液を体中に送り出さなければならない。そのため心臓は、高い圧力で血液を送り出す必要がある。

それなら、どんどん心臓を強くして、ものすごく高い圧力で血液を送り出せば問題は解決するように思われるが、じつはそういうわけにいかない事情があるのだ。

血液は、酸素や栄養を体中の細胞に届ける。そして酸素は肺で、栄養は主に小腸で、血液に取り込まれる。ここで問題が起きる。そもそも、私たちの祖先は魚だった。そのころは、鰓（えら）を使って周囲の水から酸素を取り込んでいた。だから、私たちの祖先は、圧力のことで悩むことはなかった。

魚は鰓を通して、体の外の水から、体の中の血液に、酸素を取り込む。つまり液体から液体へと酸素を取り込む。液体同士ならそれほど圧力は違わないので、酸素を取り込むときに大して苦労はしない。

ところが、私たちは陸上に住んでいる。だから、体の外の空気から、体の中の血液に、酸素を取り込む。つまり、気体から液体に酸素を取り込むわけだ。このときに問題が起きるのである。だがこの問題は、じつは酸素を取り込むこと自体とは直接の関係はない。酸素を取り込むために、気体と液体が接しなければならないことが問題なのである。

酸素は圧力の高いほうから低いほうへ流れる。正確に言えば、酸素は「酸素の圧力」が高いほうから「酸素の圧力」が低いほうへ流れる。「全体の圧力」が高いほうから「全体の圧力」が低いほうへ流れるわけではない。

たしかに空気は圧力が低い（約760mmHg）けれど、その中には酸素が約21パーセント（約159mmHg）も含まれている。肺の中に入ると酸素は吸収されて減るが、それでも約105mmHgくらいはある。一方、肺で酸素を受け取る静脈血には、酸素は約40mmHg

しか含まれていない（ちなみに酸素の多い動脈血では約１００mmHg）。そのため、酸素は肺の中の空気から血液へと移動していく。つまり「酸素の圧力」は、肺の中の空気のほうが、血液よりも高いのだ。

しかし、それとは逆に「全体の圧力」は血液のほうが、肺の中の空気よりも高い。したがって血液自体には、血管から肺の中へ押し出される力が働く。そこに、悪条件が2つも重なる。肺の毛細血管は、酸素や二酸化炭素が出入りできるくらいに薄いことが1つ。もう1つは、私たちが空気を吸い込もうとして肺を膨らますと、肺の内圧はさらに低くなることだ。そのため、血液はますます肺の中へ押し出されそうになる。毛細血管から血液が出そうだけれど、何とかこらえている、そういうギリギリの状態なのだ。

もしここに、ものすごく高い圧力でさらに血液が流れ込んできたら、どうなるだろう。体のすみずみまで血液を流せるくらいの高圧で、肺の薄い毛細血管に血液がどっと流れてきたら。そんなことになったら、こらえきれずに毛細血管から血液が噴き出して、少しずつ肺に溜まってしまう。肺が液体に満たされて、その人は地上にいながら溺れ始めるのだ。

### 心臓を分けて使う

そういうわけで、肺には、高い圧力で血液を流すわけにはいかない。しかし、その一方で、高いところに位置する頭まで血液を届けるためには、高い圧力で血液を流さなくてはならない。この相反する要求に応えるために、私たちの心臓は４つの部屋に分かれている。

心臓は、肺に血液を送るための部屋と、全身に血液を送るための部屋に分かれている。それなら２つ部屋があれば足りそうだが、そうではない。たとえば肺に血液を送るだけでも、部屋は２つ必要なのだ。

心臓はたくさんの筋肉でできている。筋肉は、縮むことはできても伸びることはできない。たとえば、腕を曲げるときは、腕の内側の筋肉が収縮する。腕を伸ばすときには、腕の内側の筋肉が伸びるのではなく、腕の外側の筋肉が収縮する。そのとき、腕の内側の筋肉は伸びるけれど、自分の力で伸びるわけではない。腕が伸びた結果、ただ受動的に伸ばされただけだ。

心臓はポンプなので、収縮したり拡張したりしなければならない。収縮するためには筋肉が収縮すればよいが、拡張するにはどうしたらよいだろう。それには、別のところを収縮させて、その反動で拡張させればよい。具体的には心房と心室という2つの部屋をつくって、心房が収縮したときは心室が拡張し、心室が収縮したときには心房が拡張するようにすればよい。

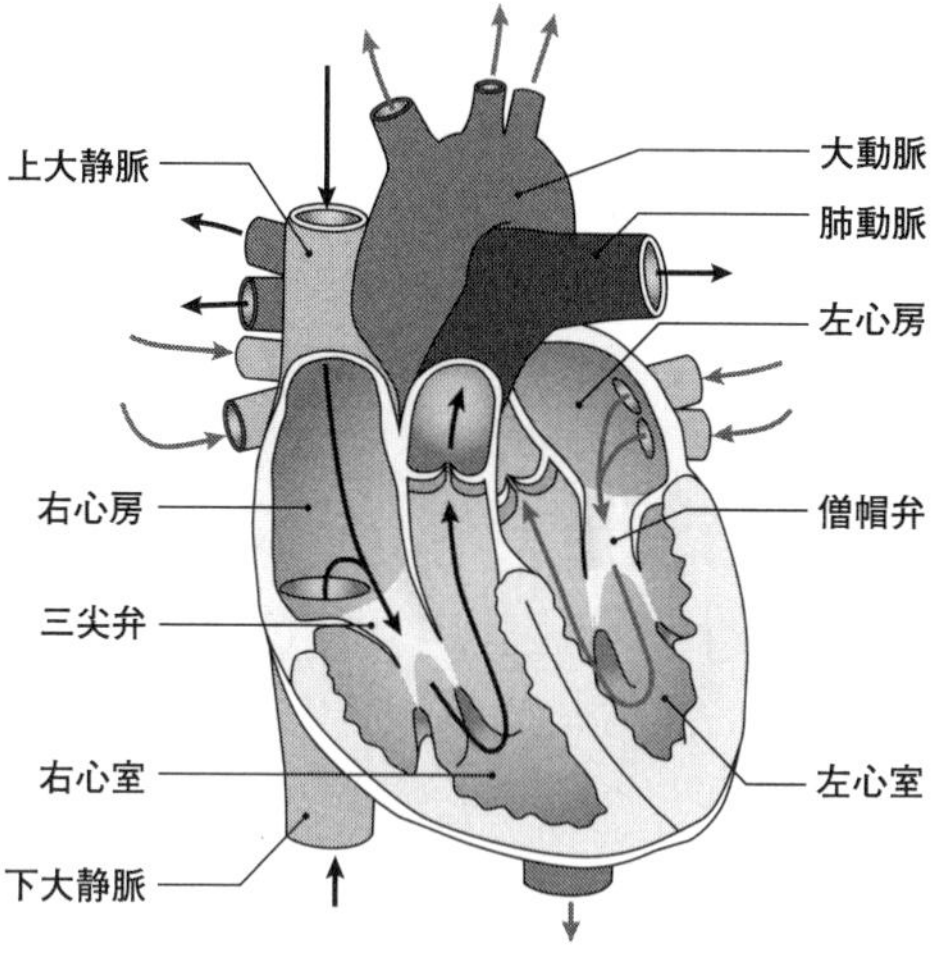

図1–1　心臓の仕組みと血液循環の流れ

ヒトの心臓では、上の2つの部屋が心房で、下の2つの部屋が心室だ。体の各部から静脈を通って戻ってくる血液が入ってくるのが心房で、体の各部へ動脈を通して血液を送り出すのが心室である。心房も心室も左右に1つずつあるので、それぞれ左心房、右心房、左心室、右心室と呼ばれる。

まず、下側の右心室が収縮する。すると、上側の右心房が拡張して、体中を回ってきた酸素の少ない血液が、右心房に入ってくる。次に、右心房が収縮すると右心室が拡張して、血液が右心室へと流れ込んでいく。それから、再び右心室が収縮する。右心室は右心房よりはるかに厚い筋肉で囲まれており、非常に強い力で収縮する。また、右心房と右心室の境目には三尖弁（さんせんべん）というものがあり、右心室が収縮したときに、血液が右心房へ逆流するのを防いでいる。そのため血液は、右心房のほうへは逆流できないので、肺につながる肺動脈のほうに押し出されることになる。

心臓の左側でも、基本的には同じことが起きる。違うのは、左心室の筋肉の厚さである。左心室の筋肉は左心房よりはるかに厚いだけでなく、右心室よりも厚い。そのため、右心室が肺へ血液を送り出すときに比べて、ずっと強い力で血液を全身へと送り出せる。こうして心臓は血液を、肺には低い圧力で送り出し、全身には高い圧力で送り出すことが可能になったのである。

## アイスマンが教えてくれること

4つの部屋を持つ私たちの心臓は、総合的に考えれば、よくできていると言ってよいだろう。肺に血液を送って酸素を吸収させてから、その血液を全身に流して、体中の細胞に酸素を届けることができるようになっているからだ。

しかし、ここで疑問が湧いてくる。体中の細胞に酸素を届けるために、毎日24時間働いている心臓自身の細胞には、どうやって酸素を届けているのだろうか。

カエルやトカゲの心臓は、内部を流れている血液から酸素を受け取ることができる。しかし、私たちの心臓の筋肉は緻密な構造をしており、内部の血液から酸素を受け取ることができない。しかも、私たちの心臓は4つの部屋に分かれているので、右側の2つの部屋には、そもそも酸素の少ない血液しか流れてこない。ということは、心臓の外側から、心臓全体に酸素を届けなければならない。

これを可能にしているのが、心臓から出た大動脈からすぐに枝分かれする冠状動脈という血管だ。冠状動脈は大動脈から分かれると、心臓の表面に伸びていって、月桂樹の冠(かんむり)のように心臓を取り囲む。

このように心臓全体に酸素を運ぶという重要な役目を担っているにもかかわらず、冠状動脈は直径が2〜4ミリメートルと細いため、詰まりやすい。冠状動脈を流れる血液が減ると狭心症になり、激痛が起きる。そして、心筋細胞に血液が十分に流れず酸素不足になると、心筋細胞が死に始める。これが心筋梗塞だ。

しかも冠状動脈は、心臓というよく動くものの表面についているために、他の血管にはない苦労もしている。心臓が収縮しているときには、冠状動脈も押しつぶされてしまい、血液が入ることができない。そこで、心臓が緩んでいる拡張期に、血液を入れることになる。ところが、私たちが激しく運動をしているときは、心臓の拡張期が短くなり、冠状動脈に十分な血液を入れることができなくなる。

つまり、心臓がもっとも酸素を必要としているときに、十分な酸素を受け取ることができない構造になっているのだ。運動中に狭心症を起こしやすいのはそのためである。血管の内側にコレステロールなどが溜まって、血液が流れにくくなったり血管が硬くなったりすることを動脈硬化という。狭心症や心筋梗塞は、冠状動脈の動脈硬化によって起きる。その原因としては、高血圧、高脂血症（血液中の脂肪が増えること）、喫煙、肥満、糖尿病の5つがよく挙げられる。

たしかに、これらの原因とされることを注意深く避ければ、狭心症や心筋梗塞になる可能性は減るだろう。しかし、それでも完全に避けることはできないようだ。

1991年にイタリアとオーストリアの国境付近の氷河から、およそ5300年前のミイラが発見された。このミイラはアイスマンと呼ばれ、この付近の山麓（さんろく）に住んでいた可能性が高い。アイスマンは喫煙もしなかっただろうし肥満でもなかっただろうが、遺体の分析から動脈硬化を起こしていた可能性が高いことがわかった。

このような狭心症や心筋梗塞の徴候は、アイスマンにかぎらずエジプトやペルーなどのさまざまなミイラの分析からも報告されている。

## 心臓は進化の設計ミスか

狭心症や心筋梗塞は、どんなに健康的な生活をしていても、一定の割合で発症する。そのため心臓における冠状動脈は、進化上の設計ミスだと言われることもある。もしそうだとすれば、非常に残酷な話である。でも、それはあくまでもヒトの側から見た意見にすぎない。

復元されたアイスマンの姿
（©Science Source/amanaimages）

自然淘汰（自然選択とも言う）という進化のメカニズムは、環境に適した形質（を持つ個体）を増やす力がある。それでだいたい正しいのだが、正確には自然淘汰が増やす形質は、子供をより多く残せる形質である。そして、これだけである。

たとえ狭心症や心筋梗塞が起きたとしても、その個体が生殖年齢を過ぎていれば、自然淘汰には関係がない。もう子供をつくらない個体に何が起きようが、自然淘汰は一切関知しないのだ。それに加えて、もしも若い個体の一部に狭心症や心筋梗塞が起きたとしても、それを補って余りあるメリットがあれば、狭心症や心筋梗塞になりやすい個体が、自然淘汰によって除かれることはない。

狭心症や心筋梗塞になりやすくなった理由は、元はと言えば、高い圧力で血液を全身に送るためだった。高い圧力で全身に血液を送れた結果、頭を高く上げて機敏に行動することができたのであれば、そして心筋梗塞で死んだ個体数を補って余りあるほど子供をたくさん残せたなら、そういう形質は自然淘汰によって「進化」するのだ。

一将功成りて万骨枯る。進化における一将は、子供の数だ。子供の数さえ増やせるなら、あとは万骨枯れてもかまわないのだ。いまを生きている私たちは、個体の生存こそが重要であると考えがちである。病気になったり、体が痛かったり、そして何よりも死んだりすることをいやだと思う。でも進化は、個体の生存なんて考えてくれない。いや、個体の生存が子供の数に関係すれば別だけれど、そうでなければ考えてくれない。

そういう意味では、進化は心臓にも優しくないようだ。若くて子供がつくれるあいだは心臓にも元気に働いてほしいけれど、そのあとのことまでは考えてくれない。冠状動脈などの心臓の構造は、進化における設計ミスではなくて、進化にとっては理想的な構造かもしれない。ただそれが、私たちにとっては不都合な構造だったということだ。

私たちと進化の利害関係は、しばしば一致しない。ときに進化は私たちの敵になる。もしそうなら、私たちも進化の言いなりになっている必要はないだろう。医学や健康な生活習慣は、進化と闘うための武器なのである。

# 第2章　鳥類や恐竜の肺にはかなわない

## なぜキンギョに肺があるか

水槽で飼っているキンギョや池に棲んでいるコイは、ときどき水面に上がってきて、口をパクパクさせる。あれは、じつは空気呼吸をしているのだ。キンギョやコイには肺があるので、空気呼吸ができるのである。

でも、どうしてキンギョに肺があるのだろう。キンギョは水中に棲んでいるし、鰓で水中の酸素を取り入れて呼吸をしている。ちゃんと鰓があるのに、なぜ肺なんか持っているのだろうか。

考えてみれば、水中に棲んでいながら空気呼吸をしている動物はたくさんいる。クジラにいたっては、水中に棲んでいながら空気呼吸しかできない。ゲンゴロウは水中に棲む昆虫だが、やはり空気呼吸しかできない。

とはいえ、クジラやゲンゴロウなら空気呼吸をしてもおかしくない、と言う人もいるかもしれない。なぜなら、クジラやゲンゴロウの祖先は、陸上に棲んでいたからだ。クジラは祖先が持っていた肺を受け継ぎ、ゲンゴロウは祖先が持っていた気管を受け継いだ。陸上から水中へと生活環境は変わっても、それらは呼吸器官を変えなかった。それだけのことだ、と言うのである。

でも、それを言うなら、私たちの祖先だって水に棲んでいた。そして鰓を使って水中で呼吸をしていた。だったら、陸上に上がっても、鰓を使い続ければよさそうだ。ときどき池やプールに行って、水中に顔を突っ込んで呼吸すればよいではないか。

しかし、そういう動物はいない。やはり、水中で肺を持つことには、陸上で鰓を持つこととは違って、何かよいことがあるのだ。だから、そういう動物が進化したのだろう。

## 釣られた魚がすぐに死ぬ理由

前章で、心臓について述べた。私たちは心臓から血液を、高い圧力で全身に送り出さなければならない。その一方で、肺へは低い圧力で送り出さなければならない。そのため、私たち哺乳類の心臓は、構造が複雑になっている。しかし、魚の心臓はそんなに複雑ではない。

　現在の多くの魚は、硬骨魚類というグループに属している（サメやエイなどは、全身の骨格が軟骨でできている軟骨魚類である）。先ほど出てきたキンギョやコイも硬骨魚類だ。私たち哺乳類の心臓は2心房2心室だが、硬骨魚類の心臓は1心房1心室である。

　硬骨魚類の心臓から送り出された血液は、まず鰓を通り、それから全身を回って心臓に戻ってくる。血液が心臓から出て、また心臓に戻ってくることを「循環」と言う。哺乳類の循環には肺を通る肺循環と、全身をめぐる体循環の2つがあるが、硬骨魚類は循環が1つしかない単一循環である。

　哺乳類の肺の中は空気だ。だから圧力が低い。そういう肺の血管に、高い圧力で血液を流すと、血液が血管から肺の中へ漏れてしまう。だから、体循環とは別に、低い圧力で血液を循環させる肺循環が必要だった。しかし、硬骨魚類の鰓は、内側も外側も水だ。だから、肺と違って、特に血液を低い圧力で流す必要はない。そのため、単一循環でかまわないのである。

　だが、そうすると、別の困ったことが起きた。心臓から出た血液は、まず鰓に行く。そこで血液に酸素が与えられ、その酸素に富んだ血液が全身を回って、体中の細胞に酸素を届ける。そして、酸素の少なくなった血液が心臓に戻ってくる。つまり、心臓はどうしたって血液から十分な酸素をもらえないのである。

もしも硬骨魚が活発に動くと、さらに事態は深刻になる。活発に動けば、体の細胞が酸素をたくさん使う。すると、心臓に戻ってくる血液中の酸素は、ますます減ってしまう。激しく運動すればするほど、心臓は多くの酸素が必要になるのに、激しく運動すればするほど、心臓に届けられる酸素は減ってしまうのだ。

このような構造は、硬骨魚類の活動をかなり制限することになっただろう。実際、釣り上げられた魚が激しく暴れると、すぐに死んでしまうことがあるのは、このためだ。

## 切ってつなげるのは無理

それでは、こういう欠点を改良するには、どうしたらよいだろう。すぐに思いつくのは、血管のつなぎ方を変えることだ。たとえば、心臓の前後で血管を切って、つなぎ直せばよい。鰓を通って酸素をたっぷりと含んだ血液が、まず心臓に流れ込む。それから全身の細胞へと流れていけばよい。そうすれば、心臓が酸素不足になって、命の危険にさらされることはずっと少なくなるだろう。しかし残念ながら、こういうことはできないのだ。

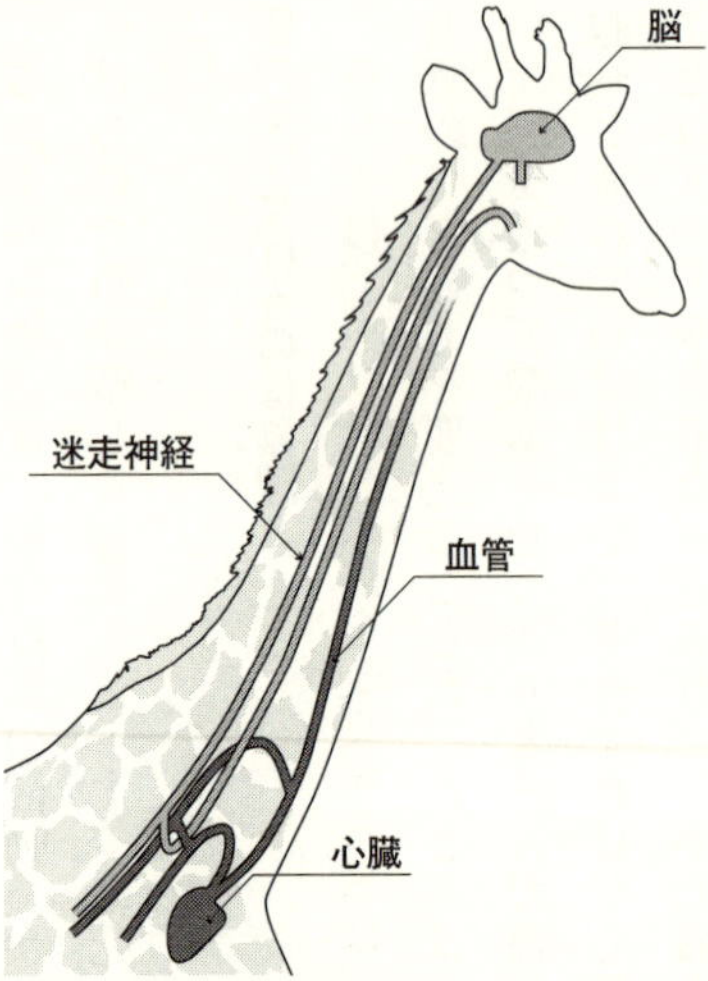

図2–1　キリンの迷走神経。約6メートルも遠回りしている（『進化の教科書 第3巻』〔講談社ブルーバックス、2017〕を改変）

ちょっと別の例で考えてみよう。私たちは、喉の筋肉を動かしたりするために、脳から迷走神経という神経が伸びている。この迷走神経のうちの1本は、心臓の近くにある血管の下側を通っている。私たちの場合はそれほど問題ないのだが、キリンではかなり変なことになってしまった。

キリンでも、この迷走神経は、心臓の近くの血管の下側を通っている。この血管は、キリンの首が伸びるのとは関係なしに、心臓の近くに留まり続けた。一方、迷走神経は、相変わらず脳と喉を結んでいる。キリンの首が伸びていくと、脳と喉はどんどん心臓から離れていく。しかし、迷走神経は心臓の近くの血管の下側を通っている。

そのため、迷走神経は、脳から出発して長い首を通って心臓の近くまで下りていき、血管の下側をぐるりと回って、それから長い首を上っていって、喉まで到達しなければならなくなった。キリンの脳と喉は30センチメートルぐらいしか離れていないのに、迷走神経はおよそ6メートルも遠回りすることになってしまったのだ。

何でこんなことになってしまったのだろう。一度だけ迷走神経を切って、血管の下側から上側に移して、それからつなぎ直せばよいのに。でも、そういうことは進化にはできない。進化は、前からあった構造を修正することしかできない。切ってつなげるとか、分解してから組み立てるとか、そういうことは無理なのだ。

それでは、硬骨魚類が酸素不足の状況を改善するには、どうしたらよいだろうか。

## 魚の血液循環は効率が悪い

当たり前だが、硬骨魚類も食物を食べる。食べた食物は、消化管で消化され吸収される。消化管の壁には、消化した食物から栄養を吸収するために、血管が通っている。血管が通っているので、酸素を吸収する構造にも進化しやすいと考えられる。もしも消化管の中に酸素が入ってくれば、それを血管が吸収できるからだ。そのため、実際に消化管の一部が膨らんで、酸素を吸収する器官になったものがある。それが肺だ。

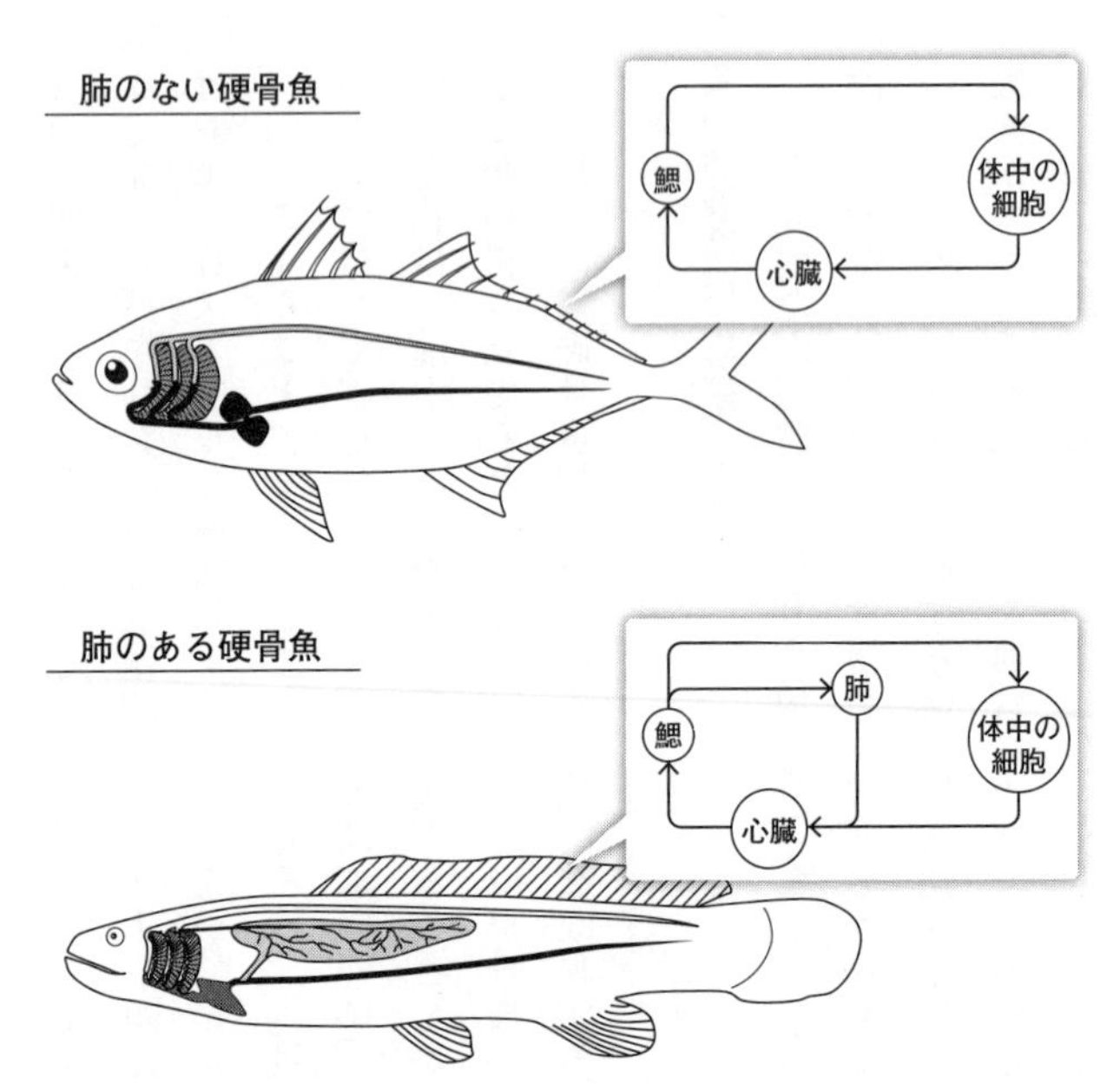


図2–2　硬骨魚類の血液循環。Aは肺のない硬骨魚、Bは肺のある硬骨魚（Collen Farmer 1997を改変）

では、この硬骨魚類の肺は心臓や鰓と、どういうつながり方をしているのだろうか。すでに述べたように、硬骨魚類では、まず血液は心臓から鰓に送られる。ここで、血液に酸素が取り込まれ、二酸化炭素が排出される。その後、鰓から出た血液は二手に分かれ、一方は全身の細胞へ向かうが、もう一方は肺に向かう。肺に行った血液は、また酸素を取り込み、二酸化炭素を排出する。こうして酸素をたっぷりと含んだ血液はどこへ行くのだろう。

　普通に考えれば、心臓に行くのがよさそうだ。硬骨魚類の心臓には、全身の細胞を回ってきて酸素が少なくなった血液しか流れ込まない、だからしょっちゅう酸欠状態になる、と述べた。その心臓に、肺から出たばかりで酸素のたっぷり入った血液が流れ込めば、もう酸欠状態になることはない。これで硬骨魚類の悩みも解消されることだろう、と思いたいところだが、そうではないのだ。

　硬骨魚類の肺から出た血液は、心臓に戻る前に、全身の細胞から戻ってきた血液と合流してしまう。全身から戻ってきた血液には、酸素が少ない。だから、肺から来た血液は、せっかく酸素をたっぷり含んでいたのに、全身から来た血液によって薄められてしまう。その状態で、心臓に戻っていくのである。

　これは、少し効率の悪い仕組みである。肺から来た血液を、直接心臓に送れば、酸素をたっぷり届けられるのに。もっとも、薄められたとはいえ、肺で吸収した酸素を心臓に届けることはできるのだから、最悪の状態は脱することはできた。キンギョやコイが肺を持ち、空気呼吸をしていたのには、こうした意味があったと考えられる。

## 水中生活の苦労

じつは、魚で肺が進化した理由については、別の考えもある。それは、水中には酸素が少ないので、空気中の酸素も取り込めるほうが有利だという考えだ。

水中の酸素の量は、（温度などによるが）空気中の酸素の量のだいたい30分の1だ。さらに、水の重さは空気の約1000倍だ。また、水中で酸素が自然に広がっていく速さ（拡散速度）は、空気中の約50万分の1だ。そのため、魚類は、私たちが経験したことのない苦労を毎日している。

1つは、呼吸するために、たくさんのエネルギーを使って重たい水を動かさなくてはならないことだ。もう1つは、水中には酸素が十分に広がらず酸欠になっている場所がけっこうあるので、そこを避けなくてはならないことだ。

私たちはテレビなどで天気予報や花粉情報を見て、傘を持って出かけるかマスクをするかなどを決める。もし魚の世界にテレビがあったら、みんな酸素情報を聞いてから出かけるはずだ。今日は××川の下流は酸素が少なくなっています、××沼の底は無酸素で大変危険です、といった情報は、魚にとってきっと役に立つだろう。

硬骨魚類の肺が、このような酸素の少ない水の中で役に立っていることは、ほぼ間違いない。なぜなら、浅瀬など酸欠になりやすい環境に棲む硬骨魚類には、肺以外にも空気呼吸ができる構造を、独立に進化させたものがいるからだ。トビハゼやナマズの仲間には、鰓の一部で空気呼吸をするものがいる。やはり酸素の少ない環境では、空気呼吸もできるほうが有利なのだろう。

ただし、現在の肺が酸素の少ない環境で役に立っているからといって、初めて肺が進化したときもそうだったとは限らない。同じ肺でも、役割が変わった可能性があるからだ。たとえば、現在の鳥類の羽は、飛ぶために役に立っている。でも、鳥類の祖先（のことは恐竜と呼ぶけれど）の羽は、少なくとも飛ぶためには役に立っていなかった。おそらく体温調節や、オスのメスに対するディスプレイのために役に立っていたと考えられる。

肺だって、1つのことにしか役に立たなかったわけがない。きっとたくさんのことに役に立ってきたのだろう。実際、以下の2つの証拠を合わせて考えると、どうやら初期の肺は、酸素の少ない環境で役に立っていたわけではなさそうだ。

1つ目の証拠は化石だ。硬骨魚類は、肉鰭類（にくきるい）と条鰭類（じょうきるい）という2つのグループに分けられる。肉鰭類というのはシーラカンスやハイギョの仲間で、その他の多くの硬骨魚は条鰭類に入る。肉鰭類と条鰭類の共通祖先は、おそらくシルル紀という時代（約4億4400万

ポリプテルス・ウィークシー（©Science Source/amanaimages）

年〜4億1900万年前）に生きていた。この共通祖先は、化石の知見から、海の沖合いに住んでいた可能性が高い。そこは、あまり酸欠にならない環境だ。その後、肉鰭類と条鰭類が分岐して、肉鰭類の一部が陸上に上がったのが、シルル紀の次の時代であるデボン紀（約4億1900万年〜3億5900万年前）である。

2つ目の証拠は、現在生きている魚だ。現生の肉鰭類の肺と、現生の条鰭類の中では原始的な形態を残していると考えられるポリプテルスの肺は、似た形をしている。これは、素直に考えれば、両者の共通祖先がすでに肺を持っていたということだろう。これが正しければ、1つ目の証拠と合わせて、以下のような結論が得られる。

シルル紀の海の沖合いに棲んでいた肉鰭類と条

鰭類の共通祖先は、すでに肺を持っていた。そしてその肺は、酸欠の環境で生きていくためのものではなかった。だとすれば、初期の肺は心臓に酸素を送るため、つまり活発に活動するために役立っていた可能性が高いのである。

## 進化のリレー

いずれにしても硬骨魚は肺ができたことで、酸素が多い血液を心臓に送ることができるようになった。しかし、果たしてそれだけで肺が進化するだろうか。

たしかに、肺が一度できてしまえば便利だろう。でも、たとえば中途半端なできかけの肺はどうだろうか、役に立つのだろうか。もし役に立たなければ、中途半端なできかけの肺に、自然淘汰は作用しない。その場合、肺の進化はスタートしない。つまり、肺は進化しないことになる。そう言われれば、そんな気もする。しかし、実際に肺は進化している。どうしてだろうか。

その理由は、どんなものでも、いろいろなことの役に立つからだ。先ほども述べたが、消化管の壁には、食物から栄養を吸収するために、血管が通っている。だから、食物の代わりに酸素を飲み込めば、どうしても少しは酸素が血液に吸収される。呼吸に十分な量の酸素を吸収するのは無理だとしても、まったく酸素を吸収しない消化管なんてない。つまり、もともと消化管には、栄養を吸収することの他に、酸素を吸収する機能もあったのだ。

硬骨魚では心臓が酸素不足になるため、この消化管の酸素吸収能力が役に立ち始めた。消化管で、たとえわずかであっても、より多くの酸素を吸収できる個体が、自然淘汰で増え始めたのである。つまり、消化管の一部が膨らんだ個体が、自然淘汰で増え始めたのである。ここまでくれば、進化は着実に進んでいく。そして、肺が進化したのだろう。

ところで、水と硬骨魚を同じ体積で比べると、硬骨魚のほうが少し重い。つまり、水より硬骨魚のほうが、比重が高い。そのため、硬骨魚は何もしなければ沈んでしまう。こういう硬骨魚に肺ができて、空気呼吸をするようになると、どうなるだろう。硬骨魚が空気を飲み込むと、硬骨魚の比重はどうしても低くなる。そのため、体の比重が水の比重に近くなり、何もしなくても沈まなくなる。その結果、水中で姿勢を保つのが楽になり、泳ぐのがうまくなったのだ。ここまでくれば、進化はさらに進んでいく。そして、鰾（うきぶくろ）が進化したのだろう。

進化はリレーのようなものだ。消化さんという選手が、消化管というバトンを持って走っている。そして空気呼吸さんという選手にバトンを渡す。空気呼吸さんに手渡されたバトンは、だんだん消化管から肺に変化していく。そして次は、低比重さんという選手にバトンを渡す。低比重さんに渡されたバトンは、だんだん肺から鰾に変化していく。

もちろん消化さんという選手の前にも、たくさんの選手がいただろう。そして将来、低比重さんのあとにも、たくさんの選手が現れてくるだろう。つまり、たとえば肺は、最初から肺になるために進化を始めたわけではないのである。

さらに、バトンはいくつかに分かれることもある。消化さんのバトンは、空気呼吸さんに渡されただけではない。消化酵素さんにも渡されたし、解毒さんにも渡された。消化酵素さんに渡されたバトンは、消化管から膵臓に変化した。解毒さんに渡されたバトンは、消化管から肝臓に変化した。

しかも、いろいろな選手にバトンを渡した消化さんも、まだ走り続けている。走り続けているから、持っているバトンもどんどん変化する。たとえば、大昔の人類は植物食だったので、消化管が長かった。しかし、肉食が広がるにつれて、消化管は短くなった。だから、消化さんが持っているバトンも、長い消化管から短い消化管に変化した。

走り続けているかぎり、バトンは変化し続ける。バトンの変化は止まらない。だから、進化に完成はない。完成した肺とか、完成した眼とか、そんなものはない。つねに形が変化し続けて、つねに役割も変化し続けて、過去から未来につながっていくのが進化なのだ。走るのをやめるケースは、1つしかない。それは、その種が絶滅したときだ。

## 哺乳類は日陰者だった

私たちの肺も、そんなバトンの1つである。肺は1キログラムほどもある大きな器官で、右肺と左肺に分かれている。喉から空気の通り道である気管が下りてきて、右肺と左肺のあいだで左右に分岐する。分岐した気管は気管支と呼ばれる。気管支がもう1回分岐したところで肺の中に入っていく。

気管支は肺の中でも分岐を繰り返し、末端は直径0・2ミリメートルほどの肺胞という薄い袋になっている。肺胞のすぐ外側には毛細血管が密着しており、肺胞内の空気とのあいだで酸素や二酸化炭素の交換が行われる。肺胞の数は、数億個と言われる。

このように、私たちの肺は非常によくできた呼吸器である。しかし、周りを見ると、もっと優れた呼吸器もある。それは、鳥類の呼吸器だ。

鳥類の呼吸器には、肺の他に気嚢という透明な袋がある。気嚢は縮んだり膨らんだりして、肺に空気を送る役目を果たしている。ちなみに、気嚢自体には縮んだり膨らんだりする力はない。筋肉により胸の空間(胸腔〈きょうくう〉)の容積を変化させることによって、受動的に縮ませたり膨らませたりしている。

気嚢は肺の周囲にいくつかあるが、大きく後気嚢と前気嚢に分けられる。空気の流れは「外→後気嚢→肺→前気嚢→外」となっている。まず両方の気嚢が膨らむと(鳥が息を吸うと)、外から後気嚢に空気が吸い込まれるとともに、肺から前気嚢に空気が吸い込まれる。次に両方の気嚢が縮むと(鳥が息を吐くと)、後気嚢から肺に空気が押し出されるとともに、前気嚢から外に空気が押し出される。

それらを繰り返すことにより、いつも肺には、空気が一方向に流れるようになっている。新鮮な空気が肺の中を流れ続けるようになっているのだ。一方、私たち哺乳類は、気管という同じ管を使って、空気を出したり入れたりしている。空気が逆方向に流れるので、呼吸器としてはあまり効率がよくない。

さて、鳥類はこのような優れた呼吸器を持っているため、他の動物が生きられないような、空気の薄いところでも生きていくことができる。渡り鳥の中にはヒマラヤ山脈を越えて移動するものがいるが、空気の薄い上空を飛べるのも、この優れた呼吸器のおかげである。鳥類は恐竜の子孫なので、恐竜もこの優れた呼吸器を持っていた可能性がある。少なくとも鳥類の直接の祖先となった一部の恐竜は、この優れた呼吸器を持っていた可能性が高い。

哺乳類と恐竜は、中生代の初期のだいたい同じころに出現した。それにもかかわらず、圧倒的に繁栄したのは恐竜だった。哺乳類は中生代を通じて、日陰者だったと言ってよいだろう。その理由の1つが、この呼吸器の性能の違いかもしれない。同じ活動をしても、哺乳類より恐竜のほうが、息が切れなかったかもしれないのである。

私たちヒトは現在の地球上で大繁栄しているので、つい自分たち人類のほうが、他の生物よりもすべてにおいて優れていると思いがちである。かつては、恐竜なんて体が大きいだけで、アホな生物だと思われていたふしもある。でも、そういう態度は恐竜に失礼だろう。

# 第3章　腎臓・尿と「存在の偉大な連鎖」

## 存在の偉大な連鎖

世界にはさまざまなものが存在する。生きているものも生きていないものも、たくさんある。このような世界の多様性を説明する仕組みとして、中世ヨーロッパのスコラ哲学者たちは「存在の偉大な連鎖」を考えていた。

「存在の偉大な連鎖」とは、世界の多様性を石ころから生物、そして神へと上っていく階級制度に置き換えたものだ。ヒトは生物の中では一番上で、天使の下に位置しているとされた。しかし19世紀になると、「存在の偉大な連鎖」の地位が揺らいでくる。生物の多様性を説明する別の考え方が、広まってきたからだ。

それは、生物が進化するという考えだった。もっとも、生物が進化すると表明することは、勇気のいることだった。フランスのジャン＝バティスト・ラマルク（1744～182

9）は進化論者だったために、ずいぶん冷遇されたようだ。それでも19世紀の半ばになると、大学の研究者の中には進化論を支持する人がかなりいたようだ。そういう状況の中で、1859年に有名なチャールズ・ダーウィン（1809〜1882）の『種の起源』が出版される。

ラマルクの肖像画

『種の起源』が出版された時点で進化という考えを知らなかった人は、少なくとも大学の研究者の中にはほとんどいなかっただろう。進化を支持するかしないかはともかく、進化という考えはすでに一般的なものになっていた。

そして、高名なキリスト教徒の中にも『種の起源』を支持する人が現れてきた。そのことは、ダーウィンをとても喜ばせたようだ。もちろん『種の起源』が出版されたあとでも、進化論に反対する人はたくさんいた。それでもラマルクに比べれば、ダーウィンは苦労しなかったと言えるだろう。すでに時代の流れは、着実に進化論を認めるほうへと向きを変えていたのである。

そのころから、もう160年以上が経っている。進化論は社会に（すべてではないにせよ）

広く認められ、「存在の偉大な連鎖」を使って生物の多様性を論じる人はほとんどいなくなった。それなのに、「存在の偉大な連鎖」は、人々の心の中に未だに住み続けている。その理由の1つは、進化の紹介の仕方にあるようだ。

### 問題は窒素の捨て方

腎臓は、血液中の老廃物を捨てる器官である。老廃物は尿として排出される。尿の約98パーセントは水だが、残りの2パーセントはほぼ尿素である。水はともかく、どうしてこんなにたくさんの尿素が、私たちの体の中でできてしまうのだろう。

私たちは有機物を食べて、それを分解してエネルギーを得る。また、私たちは有機物を食べて、それを体の材料にもする。体の材料になった有機物の寿命はまちまちだが、そのうち寿命がきて分解される。つまり、私たちの体の中では、いつも有機物が分解されている。この分解された有機物を、私たちは体の外へ捨てなくてはならない。

私たちが食べる有機物の多くは、糖と脂質とタンパク質である。糖や脂質が分解されると、主に二酸化炭素と水が生じる。二酸化炭素も水も毒性はないので、捨てるときに特に問題は起きない。一方、タンパク質には必ず窒素が含まれている。窒素を含む化合物でもっとも単純なものはアンモニアだ。だから、窒素をアンモニアの形にして捨てればよさそうだが、それには問題がある。アンモニアは毒性が強いからである。

それでも、魚の大部分を占める硬骨魚類は、窒素をアンモニアにして体外に捨てている。アンモニアは毒性が強いけれど、水に非常に溶けやすい。だから、水がいくらでも使えるところに棲んでいれば、それほど問題はない。アンモニアを大量の水に溶かして濃度を低くすれば、もちろん毒性も低くなるからだ。そこで、硬骨魚類は周囲から水をどんどん取り込んで、アンモニアを大量の水に溶かして、主に鰓から排出しているのだ。

しかし、陸上で生活する動物では、そうはいかない。いつでも好きなだけ水が手に入るわけではないので、しばらくは何らかの形で、体内に窒素を溜めておかなくてはならない。その場合、毒性の強いアンモニアでは困る。そこで、カエルなどの両生類や私たち哺乳類は、窒素をアンモニアでなく尿素にして捨てている。尿素はアンモニアよりはるかに毒性が低いからだ(ちなみに、カエルのオタマジャクシは水中に棲んでおり、アンモニアを排出する)。

私たちやカエルの肝臓では、オルニチン回路と呼ばれる複数の化学反応によって、アンモニアから尿素を合成している。このオルニチン回路で、アンモニアと二酸化炭素を反応させたりして、毒性の低い尿素を合成しているのだ。

毒性が低いのはありがたいが、尿素の悪いところはアンモニアより水に溶けにくいところだ。しかし、尿素を排出するためには、やはり尿素を水に溶かす必要がある。水に溶けにくい尿素を水に溶かさなければならないのだから、とうぜん大量の水が必要になる。そのため私たちは、毎日たくさんの水を飲んで、大量の尿をつくって尿素を捨てているのである。

陸に上がり水をたくさん使えないために毒性の低い尿素に変えたのに、そのせいで大量の水を飲まなくてはならないなんて変な話だ。でも仕方がない。水をたくさん飲まなくてはいけないというマイナスも、体内に毒性の強いアンモニアを溜めておくというマイナスよりは、ましだったのだろう。

ところで、水がいくらでも使える硬骨魚類だって、毒性の高いものよりは低いもののほうがよいに違いない。だから、じつは一部の硬骨魚類は、アンモニアを尿素に変えて排出している。多くの硬骨魚類がアンモニアのまま排出しているのは、それでも何とかなっているからだろう。やはり、水中に棲んでいて水が好きなだけ使えるのは、大きな強みなのだ。

## 卵の中が「尿素辛く」なる

アンモニアは毒性が強いから困るけれど、尿素も捨てるために大量の水が必要だ。どうもアンモニアも尿素も使いにくい。陸上に棲む動物にとって、窒素の捨て方は頭の痛い問題のようだ。何かいい方法はないだろうか。

そうだ、いい方法がある。水をたくさん使うのはもったいないから、尿素を捨てるのをやめてしまおう。どうせ尿素の毒性なんか大したことないのだし、体の中に溜めておいたって、どうってことはないだろう。しかし残念ながら、これもよいアイデアではなさそうだ。

たとえば、ニワトリの卵を考えよう。卵の中にいる発生初期の子供を胚と言う。胚は、ニワトリの卵の中で生きているので、やはりニワトリの大人と同じように何らかの形で窒素を排出しなければならない。

もし窒素をアンモニアにしたら、卵の中で有毒なアンモニアの濃度が高まり、胚は死んでしまう。一方、窒素を尿素にすれば、卵の中で尿素の濃度が高まる。たしかに尿素の毒性は大したことはない。でも、尿素の濃度が高まると、別のあるものも高まっていく。それは浸透圧だ。

浸透圧は難しい概念だが、大雑把に言えば、「浸透圧が高い」というのは「塩辛い」ことだ。ちょっと可哀そうな例だが、塩をかけるとナメクジは縮む。このとき、ナメクジの体の中より体の外のほうが塩辛いので、水分がナメクジの体の中から外へ移動してしまう。そのためナメクジは縮むわけだ。つまり、水は浸透圧の低いほうから高いほうへと移動するのである。

もしも卵の中で尿素が溜まっていくと、卵の中の浸透圧が高くなっていく。だから卵の中が「尿素辛く」なってしまう。胚の周りの液体が尿素辛くなってしまうのだ。先ほどのナメクジの例における塩の役割を、尿素が果たしているわけだ。そうしたら、胚の中の水分が外へと出てしまうので、胚は生きてはいけないだろう。

つまり、ニワトリの卵の中では、窒素を捨てるのにアンモニアも尿素も使えないということだ。それでは、いったいニワトリはどうやって窒素を捨てているのだろうか。

## もっとも優れているのは尿酸

結論から言えば、ニワトリは窒素を尿酸に変えて排出している。尿酸は、尿素よりも毒性が低く、尿素よりもさらに水に溶けにくい。というか、ほとんど水に溶けない。そのため、捨てる窒素を尿酸にしておけば、卵の中の液体の浸透圧は高くならない。これなら、アンモニアのように毒性に悩まされることもないし、尿素のように浸透圧に悩まされることもない。だから、尿酸は窒素を捨てるための化合物として、もっとも優れたものだ。

鳥を飼ったことのある人には見覚えがあるだろうが、鳥の糞(ふん)には、黒や茶色の部分と白くてドロリとした部分がある。黒や茶色の部分は糞だが、白い部分は尿だ。鳥の尿は、白い尿酸が少量の水と混ざったものである。鳥は窒素を排出するのに水を少ししか使わない。鳥が尿を、イヌのようにシャア〜と出すところを見た人はいないはずだ。

これは爬虫類も同じだ。鳥類や爬虫類は窒素を尿酸にして排出するので、大量の水を使わなくてよい。水にほとんど溶けない尿酸を、少量の水に混ぜて、ドロリとした状態で排出すればよいからだ。そのため、尿の量がとても少なく、体内に溜めておく必要がない。だから、鳥類や多くの爬虫類には、そもそも膀胱(ぼうこう)がないのである(ちなみに、カメやトカゲには膀胱があるものもいる)。

一方、私たち哺乳類やカエルには膀胱があり、大量の水と一緒に尿素を捨てている。明らかに爬虫類や鳥類より、水を無駄に使っている。私たちやカエルは、鳥類や爬虫類ほどは陸上生活に適応していないのだ。

ところで、浸透圧が上がるのも困るが、下がるのもよくない。私たちヒトが0・9パーセントの食塩水をグラスで何杯か飲んでも、2〜3時間は尿の量があまり増えない。しかし、普通の水をグラスで何杯か飲めば、2〜3時間のあいだに尿が増えて、せっかく飲んだ水のかなりの部分が出てしまう。これは浸透圧が関係している。

0・9パーセントの食塩水の浸透圧は、血液とほぼ同じである。だから、0・9パーセントの食塩水を飲んでも、血液の浸透圧は変わらない。しかし、水を飲むと血液が薄められて浸透圧が下がる。すると血液の浸透圧を上げるために、腎臓が尿をたくさんつくって、体外へ排出する。そうして血液を塩辛くして、浸透圧を上げようとするのである。

## トカゲと私たちはどちらが優れているか

繰り返しになるが、私たちの祖先は海に棲んでいた。そして、デボン紀（約4億1900万年前〜3億5900万年前）のあいだに、陸上に進出した。もちろん陸上に進出するためには、体のいろいろな部分を変化させなくてはならなかった。

図3−1の系統樹1は、脊椎動物の中から6種（魚類のコイ、両生類のカエル、爬虫類のトカゲ、鳥類のニワトリ、哺乳類のイヌとヒト）を選んで、それらの進化の道すじを示したもので

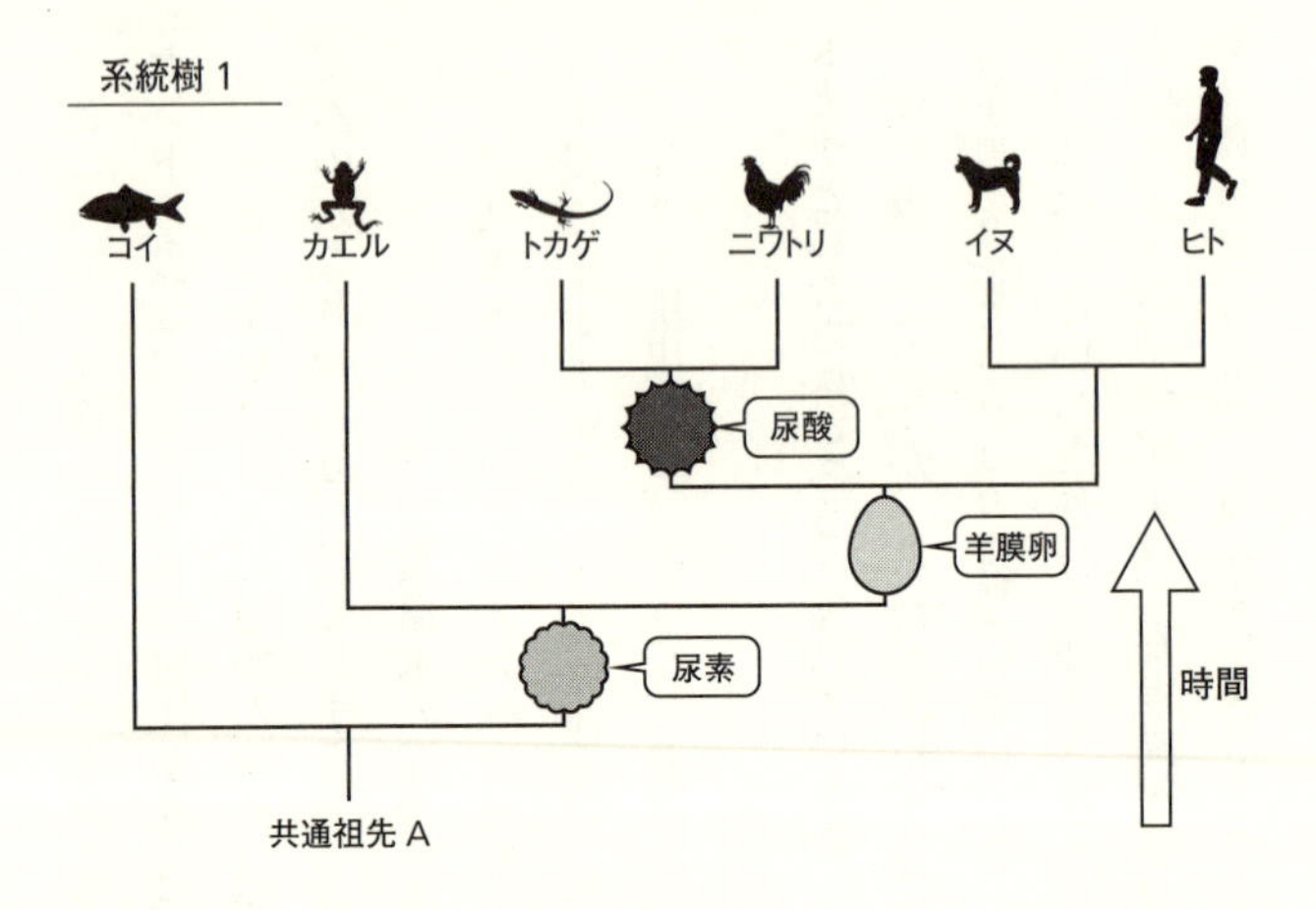


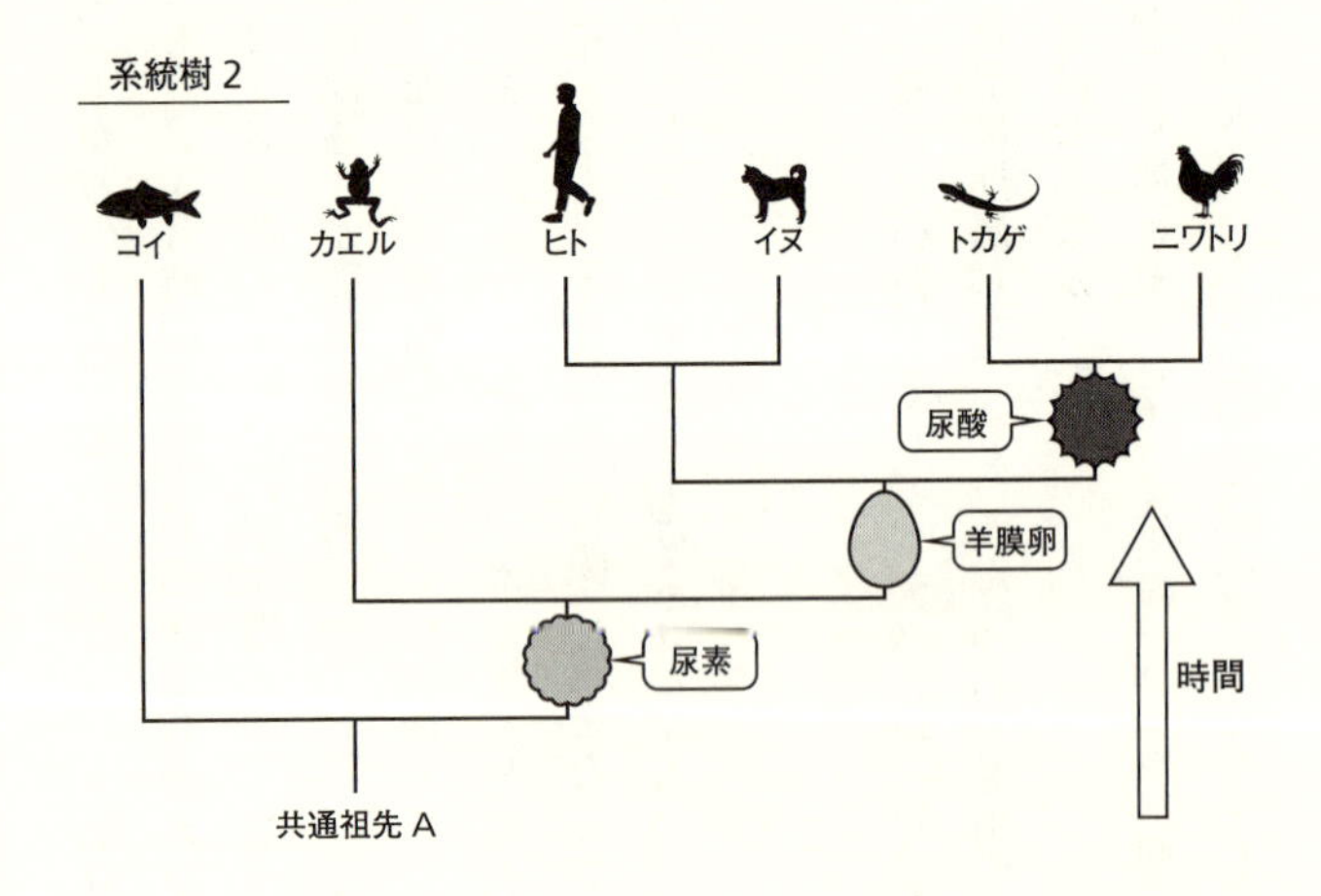


図3–1　進化の道すじを示した系統樹

ある。そして、陸上生活に適応する3つの進化的変化を示してある。

共通祖先Aはまだ水中に棲んでいたので、窒素をアンモニアにして捨てていた。その後、共通祖先Aの子孫は2つの系統に分岐した。1つはコイに至る系統で、もう1つは私たちに至る系統だ。コイに至る系統ではアンモニアを使い続けたが、私たちに至る系統では変化が起きた。窒素をアンモニアではなく尿素にして捨てるようになったのだ。おそらく、このアンモニアから尿素への進化が起きたあとで、魚類の一部が陸上へ進出したのだろう。

その後、陸上に進出して尿素を使うようになった系統の子孫が、また2つに分岐した。1つはカエルに至る系統で、もう1つは私たちに至る系統だ。そして、私たちに至る系統で進化が起きた。羊膜卵（ようまくらん）をつくるようになったのである。

羊膜卵というのは、水辺を離れて生きられるように工夫された卵である。両生類は、水辺から離れて生活することができない。なぜなら卵が柔らかくて、すぐに乾燥してしまうからだ。そのため、ほとんどのカエルは卵を水中に産む。水辺を離れて生活するためには、つまり、さらに陸上生活に適応するためには、卵が乾燥しない工夫をしなければならない。

その工夫を進化させた卵が羊膜卵だ。簡単に言うと、羊膜でつくった袋の中に水を入れ、その中に胚(発生初期の子供)を入れた卵である。袋の中の水に子供をボチャンと入れておけば、子供が乾燥しないからだ。さらに卵の外側に殻をつくって、乾燥しにくくしている。この羊膜卵を進化させた動物は羊膜類と呼ばれ、水辺から離れて生活できるようになった。この初期の羊膜類から、爬虫類や哺乳類が進化したのである(間違えやすいが、爬虫類から哺乳類が進化したわけではない)。そしてさらに、爬虫類の一部から鳥類が進化したのである。

その後、爬虫類や鳥類に至る系統では、さらに陸上生活に適した特徴が進化した。窒素を尿素でなく尿酸にして捨てるようになったのである。

つまり、両生類より哺乳類は陸上生活に適応しているが、哺乳類よりも爬虫類と鳥類はさらに陸上生活に適応しているのである。

## ヒトは進化の最後の種ではない

図3-1の系統樹1と系統樹2は、同じ系統関係を表している。だが、見た目の印象はかなり違う。よく目にするのは1のような系統樹だ。これだと、ヒトは進化の最後に現れ

た種で、一番優れた生物であるかのような印象を受ける。

しかし、陸上生活への適応という意味では、系統樹2のほうがわかりやすい。トカゲやニワトリのほうがヒトより陸上生活に適応していることが、一目でわかるからだ。系統樹2を見ると、ニワトリが進化の最後に現れた種で、一番優れた生物であるかのような印象を受ける。

もちろん、進化の最後に現れた種は、ヒトでもニワトリでもない。コイもカエルもヒトもイヌもトカゲもニワトリも、すべていま生きている種だ。だから、みんな進化の最後に現れた種である。コイもカエルもヒトもイヌもトカゲもニワトリも、生命が誕生してからおよそ40億年という同じ長さの時間を進化してきた生物なのだ。

たしかに、陸上生活への適応という点から見れば、この系統樹の中で一番優れた種はトカゲとニワトリになる。しかし、水中生活への適応という点から見れば、順番はさかさまになる。一番優れた種はコイで、一番劣った種はトカゲとニワトリになるだろう。また、走るのが速いという点から見れば、一番優れた種はイヌになる。

当たり前のことだが、何を「優れた」と考えるかによって、生物の順番は入れ替わる。どんなときでも優れた生物というものはいない。客観的に優れた生物というものはいないのだ。それは、脳が大きい生物についても当てはまる。

たとえば、脳が大きい生物は、空腹に弱い生物だ。脳は大量のエネルギーを使う器官である。私たちヒトの脳は体重の2パーセントしかないにもかかわらず、体全体で消費するエネルギーの20～25パーセントも使ってしまう。

大きな脳は、どんどんエネルギーを使うので、その分たくさん食べなくてはいけない。もしも飢饉（ききん）が起きて農作物が取れなくなり、食べ物がなくなれば、脳が大きい人から死んでいくだろう。だから食糧事情が悪い場合は、脳が小さいほうが「優れた」状態なのだ。

「ある条件で優れている」ということは「別の条件では劣っている」ということだ。あらゆる条件で優れた生物というものは、理論的にありえない。生物は、そのときどきの環境に適応するようには進化するけれど、何らかの絶対的な高みに向かって進歩していくわけではない。進化は進歩ではないのだ。

でも、進化を進歩と考えることがヒトは好きだ。生物が進化すると考えた人は、ダーウィンの『種の起源』が出版される前から、たくさんいた。ラマルクも、イギリスのロバート・チェンバーズ（1802～1871）もハーバート・スペンサー（1820～1903）も、みんな『種の起源』の前から生物は進化すると考えていた。そして、みんな進化を進歩だと思っていた。「存在の偉大な連鎖」は認めていなくても、下から上へと並ぶ順番は認めていたのだ。生物は進化によって、その順番を登っていくと考えたのである。

ダーウィンが進化は進歩ではないとはっきり言ってから、もう160年以上が経っている。それなのに、「存在の偉大な連鎖」は、人々の心の中に未だに住み続けている。それは人類だけを特権階級のようにみなすテーマの本が現在もたくさん出版されていることからも明らかだろう。

その理由の1つは、いつも系統樹の端っこにヒトを書くからかもしれない。でも、図3−1の系統樹1と系統樹2のように、生物の順番を入れ替えても、系統樹が示す系統関係は変わらないのである。

# 第4章　ヒトと腸内細菌の微妙な関係

## 前と後ろの見分け方

電車が走っている。走っている電車を見れば、私たちはどちらが電車の前で、どちらが後ろかわかる。進んでいくほうが前で、その反対側が後ろだ。でも、電車が止まったらどうだろう。止まっている電車については、どちらが前でどちらが後ろかわからない。それは前後の形が同じだからだ（ヘッドライトやテールランプなどはついていないとする）。

イヌが走っている。走っているイヌを見れば、私たちはどちらがイヌの前で、どちらが後ろかわかる。進んでいくほうが前で、その反対側が後ろだ。でも、イヌが止まったらどうだろう。イヌの場合は止まっていても、どちらが前でどちらが後ろかわかる。それは前後の形が違うからだ。

では、私たちはイヌのどこを見て、前だと判断するのだろう。頭だろうか、眼だろうか。

それを考えるために、体の基本構造について考えてみよう。

私たちやイヌの体は、単純化すれば、中空のボールの中を1本の管が貫通しているような構造をしている（図4－1）。ボールの外側の部分は外胚葉と呼ばれ、ここから表皮や神経などができる。中を貫通している管の部分は内胚葉と呼ばれ、ここは主に消化管になる。管の両側の穴は、一方が口に、もう一方が肛門になるわけだ。外胚葉と内胚葉のあいだにも細胞があり、この部分は中胚葉と呼ばれる。ここからは骨や筋肉などができてくる。

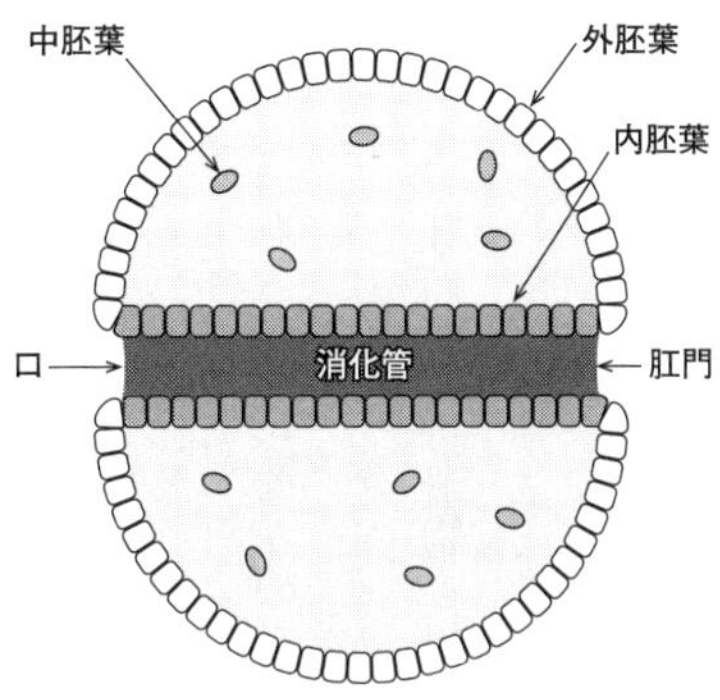

図4–1　単純化した動物の基本構造

私たちやイヌは、植物みたいに光合成ができないので、ものを食べなければ生きていけない。だから、食物を口から消化管に入れる。食物が消化管を通っていくあいだに、栄養を吸収する。そして、いらないものは肛門から出す。

食物になるのは、たいてい他の生物だ。しかし、序章でも述べたように、生物が私たちの口の中に自分から飛び込んできてくれることは、滅多にない。

だから、私たちのほうが動かなければならない。動く向きは、口のあるほうに進むのがよいだろう。

たいていの動物は、口のあるほうに進む。だから止まっていても、どちらが前かがわかる。口のあるほうが前なのだ。ちなみに、植物には口がないので、前や後ろはない。

このように、口はとても大切な器官である。口から食べ物を入れて、消化管で消化・吸収して、肛門から排泄物を出すというのが、動物の基本的な生き方だ。生きる上で一番大切なことは、食べることなのである。

## 消化管の中は細菌だらけ

生きる上で一番大切なことは食べることだ。しかし、じつは私たちは、一人では満足に食べることもできない。他の生物の助けを借りなければ、いろいろな食物を十分に消化できないのだ。

消化管の内表面は、粘膜上皮と呼ばれ、粘液で潤されている。この粘膜上皮は、体の一番外側の表皮と連続している。つまり、消化管の中は、体の外と考えられる。ちなみに、表皮から粘膜上皮への移行部が、唇や肛門である。

この消化管の中には細菌が棲んでいて、腸内細菌と呼ばれている。消化管というのは口から肛門までつながっている管だ。消化管は、位置的には体の中にある。しかし、消化管の内部は、口や肛門で外界とつながっている。そういう意味で、消化管の中は体の外と考えられる。

腸内細菌が棲んでいるのは腸の中だから、一応私たちの体の外に棲んでいるのだが、その数はすさまじい。およそ1000兆個という見積もりもある。私たちヒトの体は約40兆個の細胞でできているので、腸内細菌のほうがはるかに多い。腸内細菌の99パーセント以上は大腸に棲んでいるが、とにかく数が多いので、小腸にもかなりの数の腸内細菌が棲んでいると考えられる。

私たちは、口から食物を入れて、消化管で消化・吸収して、残ったものを便で出す。しかし、便の大部分は食物の残りカスではない。半分ぐらいは腸内細菌の死骸(生きているものもいる)で、その他のかなりの部分が消化管の内表面から脱落した粘膜上皮細胞である。食物の残りカスは、便の半分もないのである。

これだけたくさんの腸内細菌を消化管の中に棲ませていても、私たちが生きていけるのは、腸内細菌の多くが私たちの役に立つものだからだ。ヒトと腸内細菌は共生関係にある。ヒトは腸内細菌に、消化管の中という暖かくて栄養のある環境を提供する。一方、腸内細菌は、私たちの消化を助けてくれるだけでなく、食物と一緒に入ってきた細菌に私たちが感染するのも防いでくれる。

腸内細菌は独自の酵素を分泌して、私たちには消化しにくい成分を分解してくれるし、危険な細菌が入ってきたことを私たちの細胞に知らせてくれる。知らせてくれれば、私たちの細胞は、危険な細菌にとって有害な物質を出したりできる。また、腸内細菌が腸の内表面を占領していること自体が、感染の防御になる。外から入ってきた細菌も、棲む場所がなければ生きていけないからだ。

## 管腔内消化と膜消化

私たちにとって、腸内細菌はありがたい存在だ。だからといって、私たちは身も心もすべてを腸内細菌に捧げるわけにはいかない。私たちと腸内細菌は、表面上は友好的に共生しているとはいえ、少し微妙な関係なのだ。

生物がエネルギー源として、もっともよく使うのがグルコースという糖だ。グルコースは糖の中でも単糖と言われる。単糖は糖の一番小さい単位で、それ以上分解すると糖ではなくなってしまう。

単糖が2つ結合したものが二糖だ。たとえば、グルコースが2つ結合したものはマルトースと呼ばれる。そして、単糖がたくさん結合したものが多糖である。たとえば、グルコースがたくさん結合したもの（の1つ）はデンプンだ。

さて、私たちが食べ物からエネルギーを得るためには、消化する必要がある。消化とは「小さくすること」だ。それでは、グルコースがたくさんつながったデンプンが、どのように小さくなっていくのかを見てみよう。

私たちが米を食べると、米に含まれたデンプンが口の中に入ってくる。すると口の中に唾液が出てくる。唾液にはアミラーゼという酵素が含まれていて、デンプンという多糖をマルトースという二糖に分解する。とはいえ実際には、食物が口の中にある時間は短いので、デンプンの一部が分解されるだけである。デンプンの大部分は、小腸まで行ってから分解される。

小腸では膵液（すいえき）という消化液が分泌される。膵液の中にはやはりアミラーゼが含まれていて、残ったデンプンという多糖をマルトースという二糖まで分解するのである。

しかし、なぜ二糖までしか分解しないのだろうか。私たちがエネルギー源として使うのも、腸壁から吸収できるのも単糖なのに。

もう1つ、別の例も考えてみよう。タンパク質はアミノ酸がたくさん結合したものである。一方、アミノ酸が少し結合したもの、具体的には数個から20個ぐらい結合したものは、オリゴペプチドと呼ばれる。アミノ酸が1個のものは、もちろんそのままアミノ酸と呼ばれる。

私たちがタンパク質を食べると、タンパク質は口を通って胃に入る。胃では胃液という消化液が出される。胃液の中にはペプシンという酵素が含まれていて、タンパク質をオリゴペプチドまで分解する。さらに小腸にいくと、膵液の中に含まれるいろいろな酵素によって、残ったタンパク質もオリゴペプチドに分解される。たとえば、トリプシンやキモトリプシンという酵素によって、タンパク質はオリゴペプチドに(オリゴペプチドはさらに小さめのオリゴペプチドに)分解される。

このように胃や小腸では、タンパク質をオリゴペプチドまでは分解するが、アミノ酸まではほとんど分解しない。腸壁から吸収できるのはほぼアミノ酸だけ(アミノ酸が2つ、あるいは3つつながったものも少し吸収する)なのに、なぜオリゴペプチドまでしか分解しないのだろうか。

その理由を考える前に、消化には2種類あることを述べておこう。いままで述べてきたような、消化管の内部で行われる消化を、管腔内消化という。そして、もう1つは膜消化だ。

先ほど述べたが、小腸の内側の表面は粘膜上皮と呼ばれ、粘膜上皮をつくる細胞は吸収上皮細胞と呼ばれる。この吸収上皮細胞の細胞膜で行われる消化が膜消化で、これが消化の最終段階である。

たとえば、グルコースが2つ結合したマルトースは、マルターゼという酵素によって、2つのグルコースに分解される。ラクトースという二糖なら、ラクターゼという酵素によって、グルコースとガラクトースという2つの単糖に分解される。

また、タンパク質が分解されてできたオリゴペプチドは、オリゴペプチダーゼなどの酵素によって、アミノ酸まで分解される。そして、膜消化でつくられたグルコースやアミノ酸は、ただちに吸収上皮細胞によって吸収されて、毛細血管へと運ばれる。

## 腸内細菌との競争

それでは、どうして膜消化なんてものがあるのだろうか。管腔内消化で単糖やアミノ酸まで分解しておいたほうが、簡単ではないだろうか。おそらく理由は2つある。その1つは腸内細菌との競争だ。

誰だって、大きいものより小さいもののほうが吸収しやすい。だから、大きいマルトースやオリゴペプチドよりも、小さい単糖やアミノ酸のほうが、みんな好きなのだ。そして、私たちが食べたものを栄養にしようと狙っている生物は、私たち自身だけでなく、他にもいる。それが腸内細菌だ。

腸内細菌は小腸の中にたくさんいる。大腸に比べればずっと少ないけれど、それでもかなりたくさんいる。だから、もしも管腔内消化でグルコースやアミノ酸まで分解してしまったら、それらを腸壁から吸収する前に、腸内細菌に食べられてしまうだろう。

たしかに腸内細菌はありがたい存在だけれど、グルコースやアミノ酸をみんな食べられて、私たちが飢えてしまっては困る。それで、私たちは吸収する直前になってから、グルコースやアミノ酸をつくるのだろう。つくってすぐに吸収すれば、腸内細菌に横取りされないからだ。

いわば、腸内細菌に意地悪をしているわけだが、まあ仕方がないだろう。もちろん、膜消化という仕組みをつくっても、いくらかは腸内細菌に横取りされてしまう。そのくらいで、ちょうどよいのだ。まったく横取りされないように、もっとガードを堅くしたら、今度は腸内細菌が生きていけない。それは私たちにとっても困ることだ。

もう1つの理由は浸透圧だ。前章で浸透圧について述べたが、大雑把に言えば、「浸透圧が高い」というのは、「塩辛い」ことだった。ヒトの体には適切な浸透圧があり、それが狂うと健康に生きていくことはできないのだ。

塩辛さは、塩の量ではなく、塩の粒子数による。塩がたくさんあっても、大きな塊（かたまり）になっていれば、それほど塩辛くならない。一方、塩の量は変わらなくても、小さな粒子になればなるほど、つまり粒子の数が増えれば増えるほど、塩辛くなる。

さて、腸の中にも適切な浸透圧がある。ここでは塩でなく、糖で考えよう。具体的には、二糖のマルトースと単糖のグルコースだ。もしも管腔内消化でマルトースをグルコースに分解すると、粒子数は2倍になる。マルトース1つからグルコースが2つできるからだ。そうすると、浸透圧は2倍になってしまう。

もちろん、消化の初期段階（たとえばデンプンを分解するとき）でも浸透圧は上がるかもしれないが、もし上がったとしても少しだろう。消化の最終段階のほうが、粒子数の増え方は急激なはずだ。そのため、こういう浸透圧の変化を避けるために、膜消化は役に立っている可能性が高いのである。

それでは、膜消化が進化した理由は、この2つのうちのどちらだろうか。おそらく両方だろう。そして、進化しているあいだには、これ以外の理由だってたくさんあったのではないだろうか。

　進化は将来の計画を立てたりしない。いま、この瞬間に役に立っているかどうか、それだけだ。だから、進化の方向はころころ変わってもおかしくない。それにもかかわらず、一定の向きに進化が起きているときは、いくつもの理由が同じ向きの進化を促していた可能性が高いのである。

　もっとも、見方を変えれば、このような膜消化が進化したのは、私たちヒトが腸内細菌に助けられている証とも言える。私たちは現在、地球上で繁栄を謳歌しているが、一人では満足にご飯を食べることもできないのである。

# 第5章　いまも胃腸は進化している

## 大人になってもミルクを飲むなんて

ダーウィンは間違っていた。いや、ダーウィンが言ったことが、すべて間違っていたわけではないけれど、かなり重要なところが間違っていた。それは、進化というものは、必ず長い時間をかけてゆっくり進むと主張したことだ。ところが、この考えはいまも広く信じられていて、さまざまな誤解を生んでいる。

私たちは哺乳類である。哺乳類の重要な特徴は、ミルク（母乳）で子供を育てることだ。だから当たり前だけれど、哺乳類の子供はミルクを飲める。しかし、哺乳類の大人はミルクを飲まない。というか、大人になるとミルクを飲めなくなる。それは、成長するにつれてラクターゼ（前章の膜消化のところで出てきた）という酵素をつくらなくなるからだ。

ミルクに含まれる成分は、種によって異なる。たとえば、ウシのミルクはヒトのミルクより脂肪が少ないが、寒いところで暮らすクジラやアザラシのミルクは脂肪がとても多い。そのような違いはあるけれど、ほとんどのミルクに含まれる主要な糖はラクトース（乳糖）である。

このラクトースを消化する酵素がラクターゼだ。ラクターゼはラクトースを、グルコース（ブドウ糖）とガラクトースに分解する。私たちの小腸は、これらの分解されたグルコースやガラクトースは吸収できるが、分解される前のラクトースは吸収できないのである。

新生児の主なエネルギー源は母乳中のラクトースなので、新生児はラクターゼという酵素でラクトースを消化する。しかし、ミルクを飲まない年齢になれば、もうラクターゼという酵素は必要ない。だから、ラクターゼをつくり続けるのは無駄である。そのため、大人になったらラクターゼをつくらないほうが、自然淘汰において有利なのだ。

もしも大人がミルクを飲むと、ラクトースは分解も吸収もされない。すると、腸内細菌によって、ラクトースが違う方法で分解されて、メタンと水素ができる。その結果、腹部の張りや下痢（げり）に悩まされることになる。だから、普通大人はミルクを飲まないのである（ただし、大人になるとラクトースを消化する能力がまったくなくなるわけではなく、子供のころの10分の1ぐらいは残っていることが普通である。そのため、乳製品の中でもラクトースの少ないチーズやヨーグルトなら食べられることが多い)。

ところが、大人になってもラクターゼをつくり続けるラクターゼ活性持続症になると、大人になってもミルクが飲めるようになる。大人のくせに赤ちゃんみたいで、ちょっと恥ずかしい。でも、私にはそんなことを言う資格はない。だって、私もラクターゼ活性持続症なのだ。いや、日本人にはラクターゼ活性持続症の人がかなりいるので、この文章を読んでいるあなたも、かなりの確率でラクターゼ活性持続症のはずだ。

## ラクターゼ活性持続症は自然淘汰で広がった

ラクターゼ活性持続症は、いわば遺伝性疾患である。しかし、何千年か前に酪農が始まると、この遺伝性疾患に罹(かか)っている人のほうが自然淘汰で有利になったらしい。なぜなら、ラクターゼ活性持続症を起こす突然変異が、自然淘汰によって広がった証拠があるからだ。

親が子にＤＮＡを伝えるときには、「組み換え」が起きる。たとえば母親は、祖母と祖父から受け継いだＤＮＡを持っている。そのＤＮＡを子に伝える前に、祖母と祖父から受け継いだＤＮＡが組み換えを起こして、祖母のＤＮＡと祖父のＤＮＡが一部を交換する。

ＤＮＡの交換された領域には、たいてい遺伝子が何百個も乗っている。つまり、近くにある遺伝子はまとめて交換されて、運命をともにするのである。

しかし、組み換えのときにＤＮＡが切られる位置は、毎回ランダムである。だから、多くの世代を伝わって、繰り返し切られて交換されていくうちに、近くにあった遺伝子もだんだん離れ離れになっていく。遺伝子同士が近ければ近いほど、一緒にいる時間も長くなるけれど、どんなに近くにある遺伝子でも、いつかは組み換えによって別れる運命なのだ。

さてここで、ある遺伝子に自然淘汰が働くとどうなるだろうか。その遺伝子が自然淘汰で有利ならば、その遺伝子は多くの個体に、つまり集団中に広がっていく。広がっていくときは、その遺伝子だけが広がっていくのではない。まとめて組み換えられた周囲の遺伝子も、一緒に広がっていくはずだ。

こういう現象を調べるとき、実際のデータとしては、ＤＮＡの塩基配列を使う。ある遺伝子の周囲の塩基配列は、組み換えによって変化していく。一方、ある遺伝子が自然淘汰で集団に広がっていけば、その遺伝子の周囲の塩基配列も一緒に集団中に広がっていく。したがって、ある遺伝子の周囲の塩基配列は、多くの個体で同じになっていく。つまり、組み換えは塩基配列を変化させる力として働き、自然淘汰は塩基配列を同じにする力として働く。

そのため、もし組み換えによって変化する速度よりも、自然淘汰によって同じになる速度が速ければ、多くの個体で塩基配列がほとんど同じになる。つまり、ある遺伝子の近くの塩基配列を調べて、それが多くの個体でほとんど同じなら、その遺伝子に自然淘汰が働いている証拠になるのである。そこで実際に調べてみると、ラクターゼ活性持続症の変異を持つラクターゼ遺伝子の周囲の塩基配列は、どの個体でもほとんど同じだったのだ。つまり、ラクターゼ活性持続症は自然淘汰によって広まったのである。

### ミルクのどこがよいのか

私たちヒト(ホモ・サピエンス)が現れてからおよそ30万年が経つが、そのほとんどの期間、ヒトの大人はミルクが飲めなかった。そのあいだにも、ラクターゼ活性持続症になる突然変異はときどき起きただろう。しかし、大人はミルクを飲まないのだから、ラクターゼ活性持続症になってミルクが飲めるようになっても、何もよいことはない。むしろ、ラクターゼをつくるために余分なエネルギーを使うので、どちらかというと不利になる。そのため、ラクターゼ活性持続症の変異が広まることはなかった。

しかし、およそ1万年前以降にヤギやヒツジ、そしてウシの家畜化が始まると、状況が変わり始めた。牧畜が広がっていくにつれて、ラクターゼ活性持続症の突然変異が起きた人が、生きていく上で不利ではなく、むしろ有利になったのだ。

牧畜も最初のころは、肉や皮が目的だった可能性が高い。しかし、家畜が近くにいれば、たまにはそのミルクを飲むこともあっただろう。そして、たまにはラクターゼ活性持続症の突然変異が起きることもあっただろう。そして、ごくまれには、ラクターゼ活性持続症の人が家畜のミルクを飲むこともあっただろう。そして、家畜のミルクを飲んだ人は、家畜のミルクを飲まなかった人より、栄養を多く取れるようになった。その結果、多くの子を残せたので、ラクターゼ活性持続症が広まったと考えられる。

そこまでは、先ほどのDNAの研究から言えることだが、多くの子供を残せた具体的な理由については、いくつかの説がある。

たとえば、北ヨーロッパにミルクを飲める人が多いのは、日差しが弱いせいだという説がある。骨の形成にはビタミンDが重要である。これは子供だけの話ではない。大人になっても骨はつねにつくり直されているので、大人にもビタミンDは重要なのだ。このビタミンDは、紫外線を浴びることにより皮膚でつくられる。そのため、日差しが弱い地域では紫外線が少ないので、ビタミンDがあまりつくられず骨の病気になりやすい。しかし、ミルクにはカルシウムがたくさん含まれているので、ミルクを飲むと骨の病気になりにくいというのである。

また、アフリカ北部にミルクを飲める人が多いのは、きれいな水が少ないからだという説もある。アフリカ北部、特に砂漠地域では水が少なく、もしあっても汚れていて飲めないことが多い。ところが、ヤギやラクダのミルクは汚れていない液体なので、もしラクトースを消化できれば、好きなだけ飲むことができるというのである。

もちろん、北ヨーロッパや北アフリカ以外の地域でも、ミルクを飲める人はたくさんいる。ミルクの栄養価は高いので、特別な事情がなくても、ミルクを飲めることは有利なのだろう。そのため牧畜が始まると、世界のあちこちで大人もミルクが飲めるようになった可能性が高い。

## 私たちは旧石器時代の生活をすべきか

ところが、アメリカなどでは、大人がミルクを飲むことに反対している人たちがいる。牛乳は子ウシのためにつくられたものであって、ヒトのためにつくられたものではない。

ヒトはもともと牛乳を飲むようには体がつくられていない。それなのに、なぜ牛乳を飲むのか。糖尿病や心臓病などの病気になるのはそのせいだ。私たちの体は、何百万年も続いた旧石器時代の生活に適応しているのだから、旧石器時代の食べ物を食べるべきなのだ。そういう意見である。

これはアメリカだけでなく、日本にも同じような考えの人がいるのではないだろうか。たしかに私たちの(大人の)体は、もともとミルクを飲むようにはつくられていない。しかし、ここ数千年のあいだに、ミルクを飲めるような体に進化したのだ。進化した以上、昔の常識はいまの非常識になっている可能性がある。

たとえば私たちは、昔は海に棲んでいた。だから私たちの体は、もともと陸上に棲むようにはつくられていない。しかし、いまでは陸上に棲めるような体に進化したのだ。進化した以上、陸上に棲むのが諸悪の根源で、水中で生活するのが健康への道ということはないだろう。そんなことをしたら、死んでしまう。

先ほど述べたが、私たちがミルクを飲めるようになったのは、自然淘汰の結果である。つまり、ミルクを飲めない人よりミルクを飲める人のほうが、たくさんの子供を残せたということだ。そうであれば、ミルクを飲めない人より飲んだ人のほうが健康だった可能性は高いのではないだろうか。

ここ数千年間の北ヨーロッパでは、ミルクを飲まなかった人は骨の病気に苦しんだけれど、ミルクを飲んだ人は健康な生活を送れたかもしれない。もしかしたら北アフリカでは、ミルクを飲まなかった人は喉が乾いてつらかったかもしれないけれど、ミルクを飲んだ人は健康な生活を送れたかもしれない。

一部の人が主張しているように、ミルクが諸悪の根源で、ミルクを飲まないことこそが健康への道ということはないだろう。もちろん飲み過ぎれば肥満などの原因になるが、それは別の話である。そもそも食べ過ぎれば、どんな食べ物だって体に悪いし、飲み過ぎれば、どんな飲み物だって体に悪いだろう。

## 方向性選択と安定化選択

ミルクを飲むことは不健康だという考えの前提には、進化はものすごく遅いものだという思い込みがある。そう思い込んだ原因の1つは、ダーウィンの著書である『種の起源』によって広まった考えではないだろうか。

自然淘汰の働き方にはいくつかのパターンがあるが、主なものは2つである。方向性選択と安定化選択だ（図5－1）。有利な突然変異が起きると、自然淘汰はその突然変異を増やすように作用する。すると、生物の形質が、一定の方向へ変化する。これが方向性選択だ。これは生物を進化させる力になる。

一方、不利な突然変異が起きると、自然淘汰はその突然変異を除くように作用する。不利な形質は、平均的な形質から外れたものが多い。そこで不利な形質を除いても、集団全体としての形質は変化しない。むしろ、この場合の自然淘汰は、形質を変化させないように、つまり安定させるように作用する。このような安定化選択は、生物を進化させない力だ。

ダーウィンが『種の起源』を出版する前から、安定化選択は知られていた。しかし、安定化選択は生物を進化させないので、進化に結びつける人はいなかった。ところがダーウィン（とアルフレッド・ラッセル・ウォレス〔1823～1913〕）が方向性選択を発見し、これが生物を進化させる力であることを明らかにした。したがってダーウィンは、安定化選択も方向性選択も両方知っていたことになる。

ところがダーウィンは、安定化選択を重視しなかった。たしかに安定化選択は生物を進化させないのだから、進化について考えるのであれば、安定化選択は無視してよいように

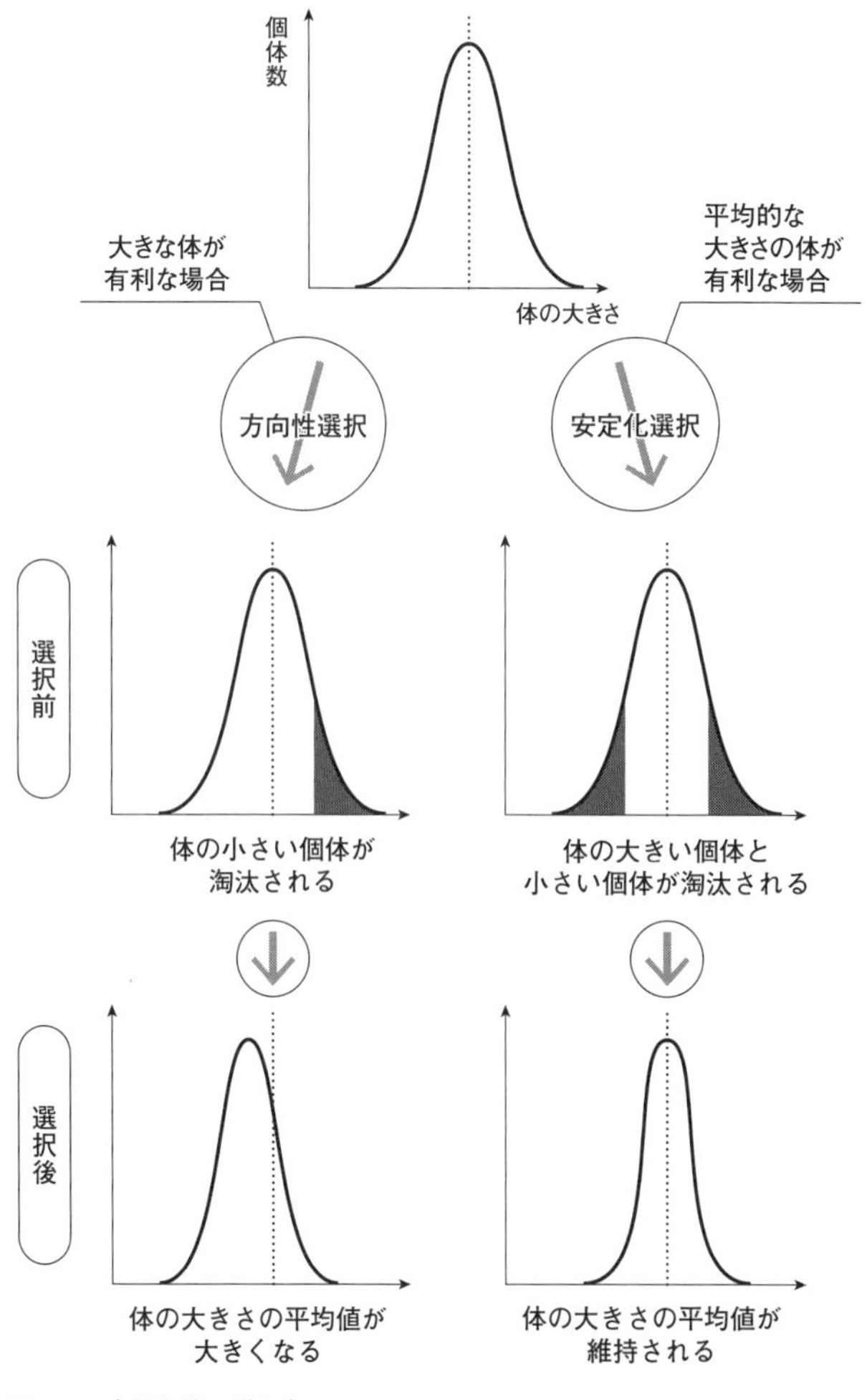


図5–1　自然淘汰の働き方のパターン

思える。でも、そうではないのだ。

進化という道を走る自動車にとって、有利な変異はアクセルである。方向性選択によって生物は進化していくからだ。一方、不利な変異はブレーキである。安定化選択によって、生物の進化は止まるからだ。

普通なら自動車は、アクセルを踏んだりブレーキを踏んだりしながら走っていく。でも、ダーウィンの考えた自動車には、ブレーキはなかった。だから、ダーウィンの自動車は止まらない。止まることなく走り続けるのだ。

もしもアクセルとブレーキが両方あれば、自動車はスピードを上げることも止まることもできる。でもダーウィンの車にはブレーキがないので、ひたすら走り続ける。しかし、止まらずに走り続けているわりには、生物はなかなか進化しないように見える。そうであれば、進化の速度はものすごく遅いと考えざるを得ない。止まらずに、ひたすらゆっくり走り続ける。これがダーウィンの考えた進化だった。

しかし、実際の進化は違う。アクセルを踏んだりブレーキを踏んだりしながら、走っていくのだ。たとえば、ヒトの大人は、何十万年間もずっとミルクが飲めなかった。牧畜が始まる前は、大人がミルクを飲める性質は不利だったので、ブレーキが踏まれていたのだ。

それから牧畜が始まって、大人がミルクを飲める性質が有利になった。そこでアクセルが踏まれて、方向性選択が始まった。そして、ミルクを飲める大人が増えてきたのである。

安定化選択が働いているときは進化しないが、方向性選択が働いているときの進化は結構速い。おそらく数千年もあれば十分だろう。

牧畜が行われていて、かつミルクを飲める大人が多い地域では、もう方向性選択は終わって、また安定化選択が始まっているはずだ。今度はさかさまに、ミルクが飲めなくなると不利になる。だから、もしもこれからずっと牧畜が続いていくなら、ミルクが飲める大人が多いいまま、ずっと安定化選択が働き続けることだろう。

## 進化は意外に速く進む

じつは、ミルクを飲めるようになる突然変異は、いろいろな地域で何回も起こっている。この1万年のあいだに、何回も方向性選択が起きたわけだ。つまり何回も進化が起きたのだ。その進化が起きた期間が、1万年より短いことは確実だ。

ある研究では、ミルクを飲めるようになる遺伝子を持つと、子供の数が平均で3パーセント増えると仮定している。その場合、（ある条件では）遺伝子が集団に広がる期間は約7

000年だという。これでも進化という視点で見れば一瞬だが、実際にはもっと速いのではないかと思う。子供の数が平均で3パーセント増えるというのは、過少評価かもしれない。もっと増えると仮定すれば（もちろん実際のところはわからないけれど）、だいたい数百年もあれば遺伝子は集団全体に広がってしまう。進化って、意外と速く進むのだ。

たとえば、ハワイ諸島に棲むコオロギには、非常に速い進化が起きたことが知られている、翅（はね）に突然変異が起きて、オスが鳴かなくなったのだ。鳴かなければ寄生バエに見つからないので、生きていく上で有利になるらしい。この性質は、わずか5年でハワイ諸島のコオロギに広がった。つまり5年で進化したのである。

さて、最後に少しだけダーウィンの味方をしておこう。たしかにダーウィンは『種の起源』の中で、「自然淘汰は非常にゆっくりと作用する」と繰り返し述べている。しかし、ダーウィンが本当に言いたかったのは、「ゆっくりと」という部分ではない。なぜならダーウィンは、「自然淘汰は非常にゆっくりと作用する」と言ったあとで、「しかし長い時間が経てば、大きな変化をもたらす」と続けるからだ。

ダーウィンが言いたかったのは「自然淘汰は大きな変化をもたらす」ということであって、「自然淘汰がゆっくりと作用する」ことではないだろう。たとえ1回の自然淘汰の作用は小さくても、それが積み重なれば大きな変化が生まれると言いたかっただけなのだ。

当時は多くの人が、進化を疑っていた。いつまで経っても、生物は進化しないじゃないか。古代エジプトの動物のミイラを見ても、いまの動物と変わらないじゃないか。そんな批判を念頭において、その言い訳として「進化はゆっくり進むので、人間には観察できないのだ」と言いたかったのだろう。だから、ダーウィンが「自然淘汰は非常にゆっくりと作用する」と言ったことについては、あまり目くじらを立てる必要はないかもしれない。

# 第6章　ヒトの眼はどれくらい「設計ミス」か

## 半分できた眼は役に立たない

私たちの眼はとても複雑だ。こういう複雑な眼が、何もない状態から一足飛びに、いきなり進化したとは考えられない。いくつもの中間段階を通って、少しずつ進化してきたはずだ。

しかし、そう考えると、こんな疑問が生じる。半分できた眼がいったい何の役に立つのか、と。そこで、進化を否定する人たちの中には、以下のような主張をする人もいる。

「眼というものは完成して初めて役に立つものなので、進化によって少しずつつくられたはずがない。半分できた眼があっても、何の役にも立たないからだ。だから（眼も含めて）生物は、何らかの目的を持った存在（イメージとしては神のようなもの）によって、一気につくられたと考えるほうが合理的である」

こういう考え方を、「インテリジェントデザイン」と呼ぶことがある。じつは、このような考えは、100年以上前から繰り返し主張されてきた。有名なものは、イギリスの動物学者、セントジョージ・ジャクソン・マイヴァート（1827～1900）が、ダーウィンの『種の起源』に対して行った批判だろう。

そして現在でも、こういう主張をする人が一定数はいる。たしかに、そう言われれば、何となくそうかなという気もする。でも、本当にそうだろうか。

## 進化する場合としない場合

あるマンガの登場人物に、貧乏な男の子がいた。お金がないので、ちゃんとしたスーツは買えない。スーツを着るときでも、前半分しかないスーツを着ている。つまり、前から見るとちゃんとスーツを着ているように見えるのだが、後ろから見ると丸裸なのだ。

仮に、スーツを着ると礼儀正しいとしよう。そして、スーツを着ないと（たとえばTシャツにジーンズ姿なら）礼儀正しくないとしよう。もしも進化が、礼儀正しい方向に進むとすれば、スーツを着ていない状態から着ている状態へと進化するはずだ。つまり、以下のようになる。

スーツなし　↓　スーツあり

しかし、途中の段階を考えると、進化する場合と進化しない場合があることがわかる。もしもスーツを上着だけ着ていれば（スーツの上着だけを着ることに文句を言わないとすれば）、たとえ下はジーンズでも、少しは礼儀正しいだろう。そこで、進化が礼儀正しくなる方向に進むなら、以下のような進化が起きると考えられる。

スーツなし　↓　スーツ上だけ　↓　スーツあり

しかし、途中の段階のスーツを前半分だけにしたら、どうなるだろうか。前から見ればスーツを着ているように見えるけれど、後ろを向いたら丸裸では、礼儀正しいとは言えない。というか、スーツを着ていないときよりむしろ失礼だ。だから、進化が礼儀正しくなる方向に進むなら、こういう中間段階を通る進化は起こらないはずだ。

スーツなし → スーツ前だけ → スーツあり

このように、スーツを着た礼儀正しい状態に達する道は、1つではない。上だけスーツを着た状態を通る道もあれば、前だけスーツを着た状態を通る道もある。同じように、現在の私たちの眼が進化してきた道だって、いくつも考えられる。ただし、その中で進化が通れる道は限られている。

「半分できた眼」とか言われると、つい途中まで組み立てられた機械みたいなイメージを、頭に描いてしまう。私たちが機械を組み立てるときには、まずパーツを1つずつつくってから、それらのパーツを合わせて組み立てることが多い。そのため「半分できた眼」と言われると、つい、それに近いイメージを思い描いてしまう。

たとえば、レンズなど眼球の構造は完璧に出来上がっているのに、まだ神経がつながっていない眼だ。たしかに、このような中途半端な眼は、まったく役に立たない。これはスーツを前だけ着ているようなものだ。

したがって、進化がこのような道を通るのであれば、眼というものが進化するとは考えにくい。しかし、他にも進化の道はあるはずだ。

## いろいろな眼からわかること

私たちの眼が進化してきた道を考えるために、他の動物の眼を見てみよう。眼にはさまざまなタイプがあるが、その中で典型的なものをいくつか挙げることにする。

たとえば単純な眼としては、「明暗がわかる眼」が考えられる。光を感じる細胞を視細胞（あるいは光受容細胞）と言うが、この視細胞がたくさん並んで膜になったものが網膜だ。この網膜は、ヒトでは眼球の内表面を覆っているが、生物によっては体の表面にあることもある。網膜が体の表面にあると斑点のように見えるが、これを眼点と言う（図6－1の①）。

眼点を持つ生物は、自分の体に光が当たったことがわかる。光がどの方角からきたかはわからないが、とりあえず明るいか暗いかだけはわかる。これが「明暗がわかる眼」で、たとえば刺胞動物のクラゲには、こういう眼を持つものがいる。

「明暗がわかる眼」よりも複雑な眼としては、「方向がわかる眼」がある。眼点の網膜の真ん中が凹んでカップのような形になれば、明るいか暗いかだけではなく、光がくる方向もわかる。こういう眼を杯状眼と言う（図6－1の②）。

図6－1の②のように、杯状眼が上を向いているとしよう。もし光が右からくれば、カップの左側の視細胞にだけ光が当たるし、左からくれば右側の視細胞にだけ当たる。つまり、どの視細胞が光に反応したかで、光のきた方向がわかることになる。こういう杯状眼を持つものはたくさんいるが、たとえば軟体動物のカサガイなどがこのような眼を持っている。

さらに、「方向がわかる眼」よりも複雑な眼としては、「形がわかる眼」がある。杯状眼

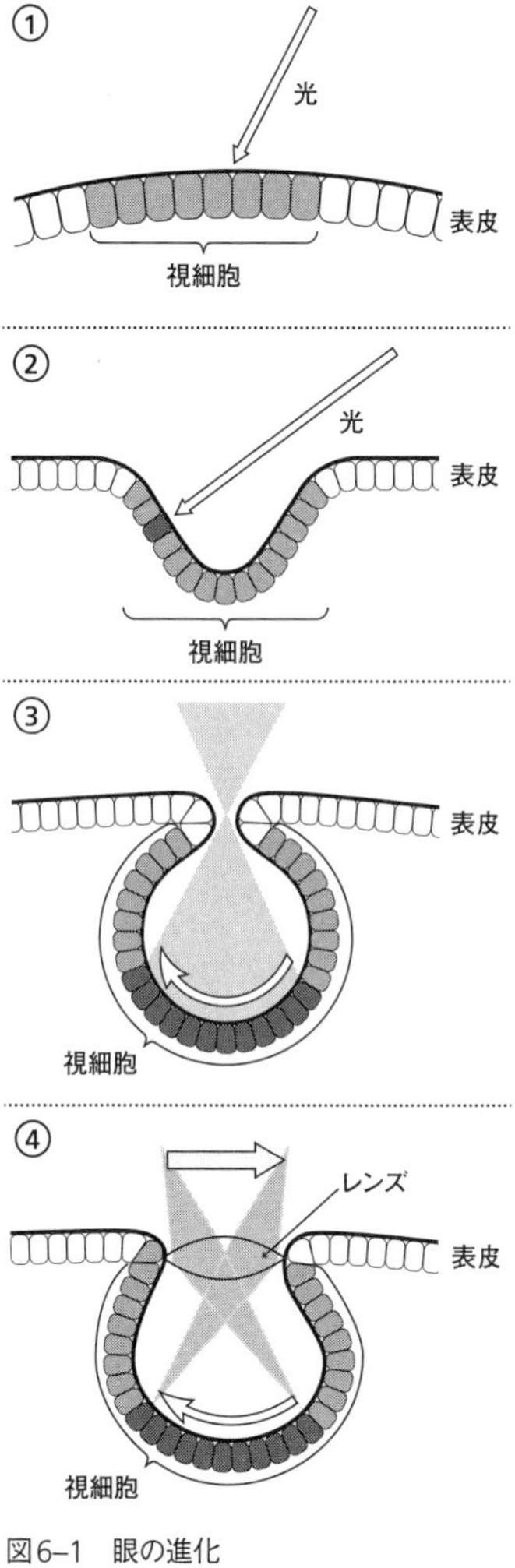

図6–1　眼の進化

の凹んだ部分の空洞はそのままにして、入り口を小さくすれば、窩状眼と呼ばれる眼になる（図6－1の③）。

杯状眼のカップの入り口は、くびれて狭くなっている。そのため外から来た光は、入口を通るときに一点に集まる。そして入口を通過すると光線は再び広がって、網膜に上下左右が反転した像が映る。つまり、見たものの形がわかるのである。

窩状眼は形がわかる素晴らしい眼だが、1つ大きな欠点がある。入口が狭いので、入ってくる光の量が少ないのだ。だからといって、入り口の孔を大きくすると、光が一点に集まらなくなり、像がぼやけてしまう。孔が小さければ小さいほど、像は鮮明に映るのだが、そうすると像はどんどん暗くなってしまう。こういう窩状眼を持つものには、軟体動物のオウムガイがいる。オウムガイの窩状眼の孔はわりと大きいので、明るくは見えるものの、像はぼやけているはずだ。でも、それで我慢しているらしい。

窩状眼で見える像は、ピントを合わせると暗くなり、明るくするとピントがぼけてしまう。でも、じつはピントを合わせながら明るくする方法がある。窩状眼の入り口の孔を広げて、そこにレンズをはめればよい。そうすれば、入り口が広いので明るいし、ピントはレンズが合わせてくれる。こういう眼を、カメラ眼と言う（図6－1の④）。私たちヒトの眼は、このカメラ眼である。

## 眼が進化する道はたくさんある

ヒトのカメラ眼が進化する道として、さっきは眼のそれぞれのパーツを1つずつつくってから、それらを組み立てる道を考えた。そして、そういう進化の道は、実際にはあり得ないだろうと述べた。

しかし、進化の道は他にもある。たとえば、これまで述べてきたような単純な眼を順番に通って、進化する道だ。体の表面の細胞が視細胞に変化して、明暗がわかる眼点になる。その眼点の真ん中が凹んで、光の方向がわかる杯状眼になる。外に向かって開いている杯状眼の穴が小さくなって、形がわかる窩状眼になる。窩状眼の穴にレンズができてカメラ眼になる。これが現在の私たちの眼だ。

こういう進化の道なら、実際にあってもおかしくない。それぞれの段階の眼は、それぞれのやり方で役に立っているからだ。そして、それぞれの段階の眼が少しずつ変化して、別の段階の眼になっていく。そうすれば、現在の私たちのようなカメラ眼を、進化がつくりだすことができるのだ。

さて、進化を否定するインテリジェントデザインの考え方では、「半分できた眼は役に立たない」ことを前提として、「眼は進化でできたものではない」という結論を導いた。しかし、インテリジェントデザインの考え方には、さらに暗黙の前提があって、それは「進化の道は1つ（あるいは少数）しかない」というものだ。そのため、思考実験によって、私たちの眼が進化してきた道を想像することができなかった。

しかし、「進化の道はたくさんある」ことを前提にすれば、思考実験によって私たちの眼が進化してきた道を想像することができる。だから「眼は進化によってできた」と考えても、何一つおかしなところはないのである。

ただ、先ほど思考実験で想像した進化の道（眼点→杯状眼→窩状眼→カメラ眼）が、実際の進化の道とは限らない。考えられる進化の道は、ほぼ無数にあるからだ。「眼点→杯状眼→窩状眼→カメラ眼」という道は、あくまで可能性の1つにすぎない。

それでは、私たちの眼は、その中のどの道を通って進化したのだろうか。昔のことなら、化石を調べればわかりそうな気がする。しかし残念ながら、化石からそれを決めるのは難しそうだ。

私たちヒトは哺乳類の1種だが、哺乳類はさらに上位の分類群である脊椎動物に含まれる。つまり私たちヒトは脊椎動物の1種である。脊椎動物の最古の化石の1つは、カンブリア紀（5億4100万～4億8500万年前）の魚類であるハイコウイクチスだ。ハイコウイクチスは顎（あご）のない魚で、無顎（むがく）類と呼ばれる。このハイコウイクチスは、すでにカメラ眼を持っていたと考えられている。しかし、化石からは細かい構造まではわからない。

ちなみに同じカンブリア紀の、脊椎動物ではないが、それに近縁と考えられるピカイアは眼を持っていなかった。わかるのはこの程度で、カメラ眼がどのようにして進化してきたかまではわからない。

## 私たちの眼が進化してきた道

化石からは、カメラ眼が進化してきた道はわからない。でも、まだ諦めるのは早いかもしれない。現在生きている脊椎動物の眼を調べれば、少しは情報が得られる可能性がある。

さて、初期の脊椎動物には顎がなかった。それから顎が進化して、いまでは多くの脊椎動物が顎を持つようになった。しかし、顎のない脊椎動物（無顎類と呼ばれる）は、現在でも生き残っている。ヤツメウナギとヌタウナギの仲間だ。これらの口には顎がなくて、丸い形をしており、鼻孔は1つしかない。他の顎のある魚類とは違って、原始的な特徴を残していると考えられている。しかし、ヤツメウナギの眼は、すでに他の脊椎動物のようなカメラ眼になっている。一方、ヌタウナギの眼はかなり単純な構造をしており、レンズもないのでカメラ眼とは言えない。眼球は皮膚の下に埋まっており、その上の皮膚は色素がなくなって白くなっている。これは、光を皮膚の下まで通すために、白くなっているのだろう。外から見ると、白い斑点のように見える。この眼で見ても形はわからないだろうが、明るいか暗いかはわかるらしい。ヌタウナギに光を当てると、暗いほうに移動するからだ。

しかし、残念ながらヌタウナギの眼は、脊椎動物の眼が進化してきた道を教えてくれるものではなさそうだ。なぜなら、昔のヌタウナギの化石は、もっと発達した眼を持っているからである。おそらくヌタウナギの眼は、原始的な状態を残しているのではなく、カメラ眼から退化したものだと考えられる。ヌタウナギの多くは暗い深海に棲んでいるので、カメラ眼を持っていても、あまり役に立たなかったのだろう。

以上の推測が正しければ、現生の無顎類の祖先は、すでにカメラ眼を持っていたということだ。つまり現生の無顎類を調べても、カメラ眼がどうやって進化してきたのかはわからないのである。

でも、もう少しだけ粘ってみよう。私たちは脊椎動物の1種だが、脊椎動物はさらに上位の分類群である脊索動物に含まれる。脊索動物には脊椎動物の他に、頭索動物や尾索動物が含まれる。この頭索動物に属する生物にナメクジウオがいる。「ウオ」と言ってもナメクジウオは魚類ではない。魚類は脊椎動物である。

ナメクジウオには骨でできた脊椎はないが、その代わりに有機物でできた脊索があり、この脊索が体の前から後ろまで伸びている。脊索の背中側には神経管があり、やはり体の前から後ろまで伸びている。

ナメクジウオには、いわゆる眼というものはない。しかし、光を感じる視細胞（光受容細胞）はある。この視細胞は神経管の中に、点々といくつも存在している。そして神経管の一番先端にも、眼点と呼ばれる視細胞が1つある。視細胞が体の中にあるなんて変な話だが、ナメクジウオは体が小さい上に透明なので、神経管まで光が届くのだろう。

これらの視細胞が、脊椎動物の視細胞に相当するものかどうかはわからない。ただ、ナメクジウオの視細胞で発現している遺伝子と、脊椎動物の視細胞で発現している遺伝子のセットが似ているという報告がある。もちろん、遺伝子のセットが似ているだけでは、ナメクジウオの眼とも呼べない眼から、脊椎動物の眼が進化したとは言えない。しかし、ナメクジウオの眼とも呼べない眼が、脊椎動物の眼に相当するものである可能性が高くなったとは言える。

もしも仮に、ナメクジウオのような神経管の中の視細胞から、脊椎動物の眼が進化したとすれば、先ほど想像した進化の道は間違いということになる。想像では、初期の視細胞は体の表面にあったが、ナメクジウオでは神経管の中にあるからだ。

私たちの複雑なカメラ眼が、どのような道を辿って進化したのかは、まだわからない。その解明は、将来の研究に期待することにしよう。ただ、はっきり言えることは、進化の道の解明に、インテリジェントデザインの考え方をわざわざ持ち出す必要はないということだ。

## 進んだり戻ったりする進化

私たちは、つい自分を中心に考えてしまう。だから、ついヒトの眼は完成品で、他の動物の眼が未完成品みたいなイメージを持ってしまう。おそらくその背後には、進化は一直線に進歩していくというイメージがあるのだろう。でも、進化はそういうものではない。

進化はあっちへ行ったりこっちへ行ったりする。進んだり戻ったりする。特に環境が変われば、その環境の変化を追いかけるように、ふらふらと動き出す。

視細胞には、杆体細胞と錐体細胞の2種類がある。杆体細胞は感度が高く、少ない光量にも反応する。そのため、暗い所でものを見るときに便利である。一方、錐体細胞は、感度は低いが色を見分けることができる。多くの脊椎動物（魚類、両生類、爬虫類、鳥類の多く）は、錐体細胞を4種類持っていて、4種類の色を見分けることができる（4色型色覚）。ところが多くの哺乳類は、錐体細胞を2種類しか持っていない（2色型色覚）。そのため多くの哺乳類は、あまり細かく色を見分けることができない。ヒトで言えば赤緑色覚異常の状態が、哺乳類では普通なのである。

おそらく初期の哺乳類は、夜行性のものが多かったのだろう。だから、錐体細胞を4種類もつくったところで、たいして役には立たなかった。そもそも錐体細胞は感度が低いので、暗いところでは働かないのだ。役に立たないものをわざわざつくるのは無駄なので、錐体細胞を2種類に減らしたのだと考えられる。

ところが、サルの仲間の一部で、錐体細胞の種類を再び増やしたものが現れた。錐体細胞を3種類持つもの（3色型色覚）が進化したのだ。多くの霊長類は木に登って生活する。

そのため、果実や葉を食べることが多かっただろう。そのとき、赤い果実と緑の葉（あるいは熟れた赤い果実と熟れていない緑色の果実）を見分けるのが、いわゆる赤緑色覚異常の状態だと難しかったのだろう。そこで錐体細胞の種類を増やしたのだと考えられる。だから私たちの眼は、4色型色覚から2色型色覚に減って、それから3色型色覚に増えたのだ。

また、色覚だけでなく眼の数も、あっちへ行ったりこっちへ行ったりしている。私たちの祖先の脊椎動物は（遅くとも爬虫類と哺乳類が同じ生物だったころまでは）、眼を3つ持っていた。頭の横に2つ、頭の上に1つだ。水中に棲んでいた私たちの祖先は、頭の上の眼で、上方を泳いでいた敵や獲物を見ていたのかもしれない。

現在でもヤツメウナギやカナヘビ（トカゲの1種）は、頭の上に第三の眼を持っている。しかし、頭頂眼と言われるこの眼は、いまでは明暗を感じることができるだけだ。おそらく一日のリズムを知るために使っているのだろう。一方、ヒトでは頭頂眼が退化してしまったので、いまでは眼は2つしかない。だから私たちの眼は、0個から3個に増えて、それから2個に減ったのだ。

このように、進化は一直線に進むものではなく、進んだり戻ったりする。だから、自分の眼について、完成品というイメージを持つのはおかしい。おかしいけれど、もしも「完成品というイメージを持っても仕方がないな、だって素晴らしい眼を持っているんだから」と思える生物がいるとしたら、それは私たちではなく、鳥類だろう。特にワシやタカの眼は、私たちの眼より、はるかに性能がよいのである。

## 私たちの眼は半分できた眼か

ワシやタカの眼では、視細胞の密度がとても高い。しかも、先ほど述べたように錐体細胞は4種類もある。私たちの眼よりずっと優れている。でも、鳥類の眼が優れている理由は、他にもありそうだ。

カメラ眼を持っているのは脊椎動物だけではなく、軟体動物であるイカやタコも持っている。だが、脊椎動物とイカやタコの眼には、大きな違いがある。それは、網膜と神経線維の位置関係だ。網膜は光を電気信号に変えるところで、その電気信号を神経線維が脳へと運ぶ。その網膜と神経線維の位置関係が異なるのだ。

私たち脊椎動物では、網膜から眼球の内側に向かって神経線維が出ている。つまり網膜の光が当たる側に神経線維が出ているのだ。これは何だかおかしな配置だ。だって、光がくる側に神経線維が出ていたら、光をさえぎって邪魔になるからだ。

一方、イカやタコの眼では、こんなおかしなことは起きていない。ちゃんと網膜の光が当たらない側から、神経線維が出ている。どう考えても、こっちのほうが自然だろう。

でも、脊椎動物の網膜にも、よいところがある。それは、体積が小さくてすむ点だ。網膜の内側に神経線維を出したほうが、眼としての性能は落ちるけれども、眼球の体積は小さくなるのである。

それでは、同じ性能にそろえて比べたら、どうなるだろうか。ある研究では、その場合でも神経線維を内側に出したほうが、体積は小さくてすむと推定されている。神経線維を内側に出すと、性能は少し落ちるけれども、それを補って余りあるほど体積を小さくできるらしい。

鳥類は空を俊敏に飛ぶために、体を軽くする必要がある。しかし、視力は上げなくてはならない。そういうときには、神経線維を内側に出したほうが、有利なのかもしれない。私たちのように地面を歩く動物にはあまり関係がなさそうだけれど、空を飛ぶ鳥類にとっては重要なことなのだろう。たまたま祖先から、神経線維が内側に出ている眼を受け継いで、鳥類はラッキーだった可能性がある。

さて、もし鳥類の立場になって考えたらどうだろう。鳥類の眼はいろいろな意味で優れている。もしも鳥類が自分たちを中心に考えれば、鳥類の優れた眼を完成品の眼だというイメージを持つのではないだろうか。その場合、鳥類は私たちヒトの眼を、未完成の眼だと思うかもしれない。

でも実際には、進化に完成も未完成もないのである。環境が変わればいくら「完全」に思えたものでも、役に立たなくなる。すべての生物は「不完全」であり、だからこそ進化が起きるのだ。

# 第2部

# 人類はいかにヒトになったか

# 第7章 腰痛は人類の宿命だけれど

## 昆虫と脊椎動物

地球にはさまざまな生物がいる。全部で何種いるのかわからないが、学名がついているものだけでおよそ200万種と言われている。実際に地球にいる種数は、これよりはるかに多いだろう。

この中でもっとも数が多いのが昆虫で、およそ半分の約100万種である。そのため昆虫は、現在の地球でもっとも成功し、繁栄している生物と言われている。ここまで繁栄した理由の1つは、飛べることだろう。飛ぶことができれば捕食者から逃げることもできるし、食物や交配相手を探すのにも便利だし、いろいろな環境に広がることもできるからだ。

それにひきかえ、脊椎動物で学名がついているものは約6万種に過ぎない。しかも、現在でも新種が見つかり続けている昆虫と違い、脊椎動物で見つかる新種はずっと少ない。

脊椎動物は魚類、両生類、爬虫類、鳥類、哺乳類の5つのグループに分けられるが、特に魚類を除く4つのグループ(つまり陸上の脊椎動物)の新種は、もうそれほどは見つからないだろう。ちなみに脊椎動物6万種のうち、半分以上は魚類である。

とはいえ脊椎動物も、現在の地球で繁栄しているグループの1つである。たしかに種数で比べれば、昆虫にははるかに及ばない。しかし考えてみれば、種数で比べるのは少し不公平である。なぜなら、脊椎動物は体が大きいからだ。地球の大きさは有限だし、その中で生物が棲めるスペースには限りがある。だから体が大きければ、そのぶん個体数は減ってしまう。そして個体数が少なければ、当然、種数も少なくなるだろう。

そこで、種数ではなく体の重さで比べる方法もある。イスラエルのバルオンらが2018年に出した推定によれば、すべての脊椎動物を足した重さは、すべての昆虫を足した重さを上回るようだ[1]。

また、昆虫はほぼ陸上にしか棲んでいないが、脊椎動物は陸上に加えて海中にもたくさん棲んでいる。寒い極地域から赤道まで、また浅海から深海まで、脊椎動物は世界中の海に生息している。地理的には、昆虫よりも脊椎動物のほうが広い範囲に生息しているのだ。

また、先ほど昆虫が繁栄している理由の1つとして、飛翔能力を挙げたが、脊椎動物にも飛翔能力を持つものがいる。飛翔というのはなかなか難しいらしく、長い動物の歴史の中で4回しか進化していない。そのうちの1回は昆虫で、残りの3回は脊椎動物(翼竜、鳥、コウモリ)だ。この面でも、脊椎動物は昆虫に負けていない。

ちなみに、昆虫と脊椎動物以外の動物では、飛翔能力は1回も進化していない。ただし、滑空するものはたくさんいる。飛翔とは同じ高度で飛び続けられることで、滑空とは高度を下げながら飛ぶことだ。滑空するものとしては、ムササビ、モモンガ、トビトカゲ、トビヘビ、トビカエル、トビウオ、アカイカなどが有名である。

さて、これらのことから脊椎動物のほうが昆虫よりも繁栄しているとは言えないかもしれないが、少なくとも脊椎動物が非常に繁栄しているグループの1つであることは間違いないだろう。

### 魚に脊椎は必要か

脊椎動物がこれだけ繁栄している理由は何だろうか。脊椎のある脊椎動物が繁栄しているのだから、普通に考えれば、繁栄している理由は脊椎があるからだろう。

私たちヒトも脊椎動物なので、脊椎を持っている。それは私たちの体を支えている骨で、一般的には「背骨」、解剖学では「脊柱」と呼ばれる。首から始まって、尾の骨で終わる、1本の棒のように見える骨だ。だが、実際には、椎骨と呼ばれる骨が、32〜35個（人によって異なる）積み重なってできている。

それぞれの椎骨は、前の部分と後ろの部分に分かれ、そのあいだがすき間になっている。前の部分は平たい缶詰のような形で、椎体と言う。後ろの部分はゴツゴツした形で、椎弓と言う。そのあいだのすき間は、椎孔と呼ばれる。この椎孔の中を脊髄という神経が通っている。

このような脊椎の役割は、脊髄を守ることと、私たちの体を支えることである。脊髄は、脳と合わせて中枢神経と呼ばれる。中枢神経はとても大切なので、脳は頭蓋骨で、脊髄は脊椎で保護しているわけだ。

また、脊椎がなければ、私たちは立つことも歩くことも、いや座ることすらできない。だから、たしかに脊椎は、私たちの体を支えていると言える。

脊椎が進化したのは、おそらくカンブリア紀なので、すでに5億年ぐらい経っている。約5億年という長いあいだ、脊椎動物は脊椎を持ち続け、そして繁栄の道を歩んできた。

間違いなく脊椎は、とても大事なものなのだ。だけど、なんだか少し変な気がする。だって、5億年前の脊椎動物は、みんな魚だったのだ。魚にとって体を支えることって、そんなに大事なことだろうか。

海に棲んでいるクラゲを陸に上げれば、重力でつぶれて、ただのゼリーの塊みたいになってしまう。そんなフニャフニャのクラゲだって、海の中にいれば、ちゃんとクラゲの形を保っていられる。クラゲですら形を保っていられる海の中で、脊椎なんて必要があるのだろうか。

## 最初の骨は「貯蔵庫」だったか

でも考えてみれば、脊椎はいろいろなことの役に立っているかもしれない。その中には、形とは関係ない役割もあるかもしれない。たとえば成分だ。私たちの脊椎は、主にリン酸カルシウムでできている。というか脊椎に限らず、私たちの骨や歯はリン酸カルシウムでできているのだ。

カルシウムは私たちが生きていく上で、とても重要な働きをしている。神経細胞が情報を伝えたり、筋肉が収縮したり、怪我をしたときに血液を固めたりするには、カルシウムが必要だ。

しかし、カルシウムが必要になってから、カルシウムがたくさん含まれている食物を食べたのでは間に合わないし、そもそもそんな食物がいつも周りにあるとは限らない。だから、体の中にカルシウムを貯めておくほうがよい。というわけで、骨はカルシウムの貯蔵庫になっている。なにしろ体内のカルシウムの99パーセントは骨に含まれているのだから。

そうして、いろいろなホルモンが、骨吸収（骨からカルシウムを出す）や骨形成（骨にカルシウムを入れる）を促進して、血液中のカルシウム濃度を調節し、カルシウムを必要な組織などに届けるのである。

先ほど述べたように、骨の成分はリン酸カルシウムであり、カルシウムの他にリン酸の貯蔵庫にもなっていると考えられる。実際、骨に働きかけて、血液中のカルシウム濃度だけでなく、リン酸の濃度も調節しているホルモンもある。おそらく5億年以上前にできた最初の骨は、リン酸カルシウムの貯蔵庫だった可能性が高い。

### 脊索があると体が縮まない

私たちが食物を食べると、その食物は、食道や胃や小腸や大腸などの消化管の中を進んでいく。進んでいくメカニズムは、蠕動(ぜんどう)運動と言われる。消化管が太くなっている部分に入っている食物が、細くなっている部分に押されて移動していく運動だ。消化管が太くなっている部分や細くなっている部分を、そのままの形で移動させていけば、食物も移動していくことになる。

消化管には2つの筋層がある。内側が輪状筋で、外側が縦走筋だ。蠕動運動をしている消化管には、太い部分と細い部分があるが、細い部分をつくるのは簡単だ。その部分の輪状筋を収縮させればよいのだから。では、太い部分をつくるにはどうしたらよいだろう。

筋肉には縮む力はあるが、伸びる力はない。だから、その部分の輪状筋を伸ばすというわけにはいかない。でも、方法はある。輪状筋ではなくて、縦走筋を縮めればよいのだ。そうすると、消化管の壁がだぶついて太くなる。つまり、輪状筋を縮めれば、消化管は細くなる代わりに長くなる。一方、縦走筋を縮めれば、消化管は短くなる代わりに太くなるのである。

この蠕動運動は、ミミズなどが動くときにも使われている。輪状筋を縮めて体を長く

ナメクジウオ（©uchiyama ryu/Nature Production/amanaimages）

し、体の先端を前に進ませる。それから縦走筋を縮めて体を短くし、体の後端を前に引き寄せるのだ。

ところが、これとは別の動き方をする動物もいる。たとえば、第6章で紹介したナメクジウオだ。ナメクジウオは脊椎動物ではないけれど、脊椎動物に近縁な動物だ。

動物はだいたい35個ぐらいの門（もん）というグループに分けられる。その1つが脊索動物門だ。脊索動物門は、さらに3つの亜門に分けられる。それが尾索動物亜門と頭索動物亜門と脊椎動物亜門で、ナメクジウオはこの中の頭索動物亜門に属する動物である。

ナメクジウオには脊椎はないが、脊索はある。脊索は脊椎と同じように、体の中を前後に走る棒のような構造だ。ただし、脊椎のように鉱物化はしていない。繊維でできた管の中に、ゲルが詰まっている。だから、脊椎ほど硬くないとはいえ、かなり硬い。

このナメクジウオの体には、縦走筋はあるが、輪状筋はない。脊索があるので、縦走筋だけで動けるのだ。縦走筋を縮めても、脊索は縮まないので、体は縮まない。ということは、体の右側の縦走筋だけを縮めれば、体が右に曲がるし、左側の縦走筋を縮めれば、体は左側に曲がる。だから、泳ぐことができるのだ。

## 「貯蔵庫」から脊椎へ

脊椎動物の祖先は、おそらく上で述べたような、脊索があって体が縮まない動物だろう。そういう動物がリン酸カルシウムを貯めるとしたら、体のどこに貯めればよいだろうか。どこが一番よいかはわからないが、とりあえず脊索を貯蔵庫にしても不都合はないだろう。むしろ強度が増して、好都合かもしれない。

しかも、脊索をリン酸カルシウムの貯蔵庫にすると、もう1つよいことがある。リン酸カルシウムは硬いので、大切な神経である脊髄を保護することができるのだ。

カンブリア紀の化石を見ると、もともと脊髄は脊索の上にあったようだ。つまり、脊索よりも脊髄のほうが、背中の表面に近かった。これでは、背中に怪我をしたらすぐに脊髄も傷ついてしまう。脊髄という中枢神経が傷つけば、体が麻痺して自由に動かせなくなる可能性が高い。しかし、リン酸カルシウムで脊髄の上に屋根をつくれば、脊髄を保護することができる。これなら、少しぐらい背中に怪我をしても、脊髄が傷つくことはないだろう。

前に、脊椎をつくっているそれぞれの椎骨は、前の部分（椎体）と後ろの部分（椎弓）に分かれると述べた。この後ろの椎弓が、脊髄を守る屋根に当たる。この屋根の部分は非常に重要であり、椎体よりも先に進化した可能性も指摘されている。

こうして脊椎が進化し、脊索に代わって泳ぐ役割を果たすだけでなく、脊髄を保護する役割まで果たすようになった。しかも脊索のときより、泳ぐ能力は高くなった。骨には筋肉をしっかりとつけられるし、骨は硬いので筋肉の動きを素早く伝えることもできるからだ。

このようにして、脊椎は進化した。ウナギのように全身をくねらせて泳ぐものもいるし、マグロのように尾の部分だけを左右に振って泳ぐものもいるが、とにかく脊椎は泳ぐためにとても役に立つ構造なのである。

## 立ち上がった脊椎

脊椎が進化してから5億年あまり、思えばずいぶん長い時間が経ったものだ。脊椎は泳ぐのに便利なものだったが、私たちヒトは（少なくとも普通に生活していれば）もう泳がない。その代わりに私たちの脊椎は、直立した体を支えてくれる。魚の脊椎にも、魚の体を水中で水平に支える役割はあったかもしれない。しかし、同じ「支える」にしても、陸上で直立している私たちの体を支えるほうが、ずっと重要だ。つまり脊椎は、泳ぐためから支えるためへと、役割が変わったわけだ。

もちろん、役割がいきなり変わったわけではない。5億年あまりのあいだには、いろいろなことがあった。体や尾を水平に動かして泳いでいた魚の一部が陸上に上がり、四肢動物になった。四肢動物も体を水平に動かして、陸上を移動するようになった。両生類のサンショウウオも、爬虫類のトカゲやヘビも、体を水平にくねらせて移動をするのが基本である。

四肢動物の一部から哺乳類が進化すると、体を上下に動かして陸上を移動するようになった。走っているチーターの背中を見ると、上に盛り上がったり下に凹んだりするのがわかる。脊椎をしなやかに上下に曲げて走るのだ。そして、哺乳類の一部から人類が進化した。人類は直立二足歩行をするようになったので、脊椎は直立するようになった。
脊椎動物というものは、自分の都合でずいぶん自分勝手に、脊椎を使ってきたものだ。水平に曲げたり、上下に曲げたり、直立させたりしながら、5億年以上も脊椎を使い続けてきたのである。

その結果、脊椎を直立させて不自然な姿勢で生活するようになったために、私たちは苦しむことになったと言われることもある。たとえば、椎体と椎体のあいだには椎間板とよばれるクッションがある。多くの四肢動物では脊椎が水平なので、椎間板に無理な圧力がかかることはない。

しかし人類は体を直立させたために、いつも椎間板に強い圧力がかかっている。年をとったりすると、椎間板の中のゲル状の物質が押し出されてしまうことがある。そうすると、椎間板ヘルニアと呼ばれる症状が出て、場合によっては脊髄を圧迫して激痛が生じる。こういう脊椎の不具合は、腰でもっとも起きやすい。

私たちヒトの脊椎は、7個の頸椎、12個の胸椎、5個の腰椎、5個の仙椎、3〜6個の尾椎から成る。このようにヒトの腰椎は5個だが、チンパンジーの腰椎は4個しかない。しかも、チンパンジーの骨盤は縦に長くて、下の2個の腰椎を両側から押さえる形になっている。そのため、チンパンジーは腰椎を、あまり自由に動かせない。一方、ヒトの骨盤は縦に短いので、5個の腰椎をわりと自由に動かせる。

さて、ヒトでもチンパンジーでも腰椎は、骨盤から前側に、斜め上に伸びる形になっている。だから、このまま脊椎が真っすぐに伸びたら、前かがみの姿勢になってしまう。そこで、直立しているヒトでは、腰椎を後ろ向きに反らして、脊椎を上向きにしなくてはならない。チンパンジーにはそんなことはできないけれど、ヒトの腰椎はわりと自由に動かせるので、そのくらいは可能である。

このように、ヒトではチンパンジーよりも腰椎が自由に動かせるために、問題も起きてしまった。たとえばオモチャの人形で、腕が動かせるものは、そこが壊れやすい。どんなものでも、動くところが弱いのだ。だから、チンパンジーのようにあまり動かない腰椎なら起きることのない腰痛が、ヒトでは起きてしまうのだ。

さらに追い打ちをかけるように、腰椎には体の重みがかかってくる。直立している脊椎なら、当然下にいくほど重い体を支えなくてはならない。腰椎はその上に載っている体の重みをすべて引き受けなくてはならないので、さらに腰痛が起きやすくなるのである。

## 脊椎の不自然な使われ方

本来の脊椎は、四肢動物に見られるように、水平になっているものである。それなのに、私たちの脊椎は直立しているので、いろいろと不都合が起きる。だから私たちは、進化の失敗作なのだ。そんな意見を聞くことがあるけれど、本当にそうなのだろうか。

考えてみれば、四肢動物の脊椎だって不自然な使い方をしている。だって脊椎は、本来、泳ぐためのものなのだ。いや、魚の脊椎だって、不自然な使い方をしている。だって骨は、本来、リン酸カルシウムの貯蔵庫なのだ。いや、そんなことを言ったら、そもそも脊椎があること自体が不自然である。だって、脊椎なんて、昔はなかったのだから。

隣の芝生は青く見えるものだ。実際には、私たちの脊椎が、他の動物の脊椎と比べて、それほど不自然な働き方を強要されているわけではない。たとえば、私たちの脊椎は32〜35個もあるので、もしバラバラになったら、正しくつなげるのは難しそうに思える。でも実際には、それほど難しくない。

理由の1つは、形がかなり違うからだが、もう1つ理由がある。それは椎体が、下にいくにつれて少しずつ大きくなっていくからだ。下の椎体ほど、大きな重量を支えなくてはならないので、大きいのだ。

また、私たちの脊椎はS字状のカーブを描いている。先ほど腰椎が後ろに反るようにカーブしていると述べたが、その上で胸椎が前に反るようにカーブしており、さらにその上で頸椎が後ろに反るようにカーブしている。このS字状カーブがあるのは私たちだけで、チンパンジーにはない。その理由は、私たちが直立したことに対する適応だろう。具体的には衝撃の吸収だ。走ったり跳んだりしたときに、足が着地するときの衝撃を、吸収してくれるのだ。真っすぐな脊椎には、こういうことはできない。

冷静に考えれば、脊椎が直立したことって、それほど大騒ぎする事件ではないかもしれない。カバのように体重が重ければ、たとえ四足歩行をしていても、私たち以上に脊椎に、無理な力が掛かることがあるかもしれない。いや体重が重くなくても、チーターのように激しく脊椎を弾ませながら全力疾走すれば、脊椎に掛かる力は相当なもののはずだ。

もしかしたら、私たちの腰痛の大きな原因は、老化のせいかもしれない。野生の動物は、腰痛が始まる前に死んでしまうだけかもしれない。最近はイヌなどのペットが長生きするようになった。高齢化したペットには、たとえ体重が軽くて四足歩行をしていても、脊柱に問題が起きることが結構あるのである。

## なぜ5億年も脊椎がなくならなかったか

私たちが直立二足歩行をするようになってから、すでに700万年が経っている。形質が進化して環境に適応するのに、十分な時間だ。そして実際に、ちゃんと適応している。椎体は下にいくほど大きくなっているし、脊椎の形はS字状になっているからだ。

しかし、これって不思議な話だ。もしも脊椎がある重要な役割を果たしていて、その役割が他のもので代えることができないなら、5億年以上も脊椎が存在し続けても不思議はない。でも脊椎の役割って、意外とコロコロと変わるのだ。貯蔵庫になったり、泳いだり、走ったり、支えたり、脊髄を守ったりするのだから。

これらの中では、リン酸カルシウムの貯蔵庫としての役割が、一番長期間にわたって変化していない役割かもしれない。それなら、脊椎でなくてもよさそうだ。エビやカニのように、体の外側に鉱物(この場合は炭酸カルシウム)をまとってもよいはずだ。とにかく貯蔵できればいいのだから。

ここで、参考になりそうな研究結果が、2017年に東京大学の入江直樹(いりえなおき)らのグループによって発表されている。[2]

おおざっぱには、生物の形質は遺伝子によって決められていると言ってよい。しかし、

1つの遺伝子が1つの形質を決めるとは限らない。1つの遺伝子がたくさんの形質に関係していることもあり、こういう遺伝子を「多面発現遺伝子」と言う(発現というのはDNAからRNAやタンパク質がつくられること)。

多面発現遺伝子は、1回の発現で複数の形質に関係することもある。しかし、生物が受精卵から発生していく過程において、異なるタイミングで何度も発現して、多くの形質に関係することもある。

このような多面発現遺伝子が突然変異によって変化すると、発生過程のさまざまな段階で変化が起きるので、生物が死んでしまうことが多い。そのため、多面発現遺伝子は長期間にわたって変化しないで、保存される傾向がある。

脊椎動物の発生過程の中で、器官形成期と呼ばれる時期がある。不思議なことに、この器官形成期にはあまり多様性がなく、どの脊椎動物でも似ていることが知られていた。そこで入江らは、脊椎動物の遺伝子発現データを大規模に解析して、器官形成期に関わる遺伝子を調べてみた。そして、器官形成期に関係する遺伝子には、多面発現するものが多いことを明らかにしたのである。脊椎ができるのも、この器官形成期である。

もしかしたら、脊椎が5億年以上にわたって変化しなかった理由は、その役割が重要だったからではなく、脊椎がつくられる時期に多面発現遺伝子が多いという発生上の制約のためかもしれない。

もしそうであれば、この先も脊椎は、私たちの体の中に存在し続けるだろう。脳が大きくなっても小さくなっても、姿勢が直立のままでも四足歩行に戻っても、私たちはいつまでも脊椎動物であり続けるだろう。どうやら人類が腰痛から逃れることは、なかなか難しそうだ。

(1) Bar-On et al. (2018), "The biomass distribution on Earth", *PNAS*, 115, 6506-6511.
(2) Hu et al. (2017), "Constrained vertebrate evolution by pleiotropic genes", *Nature Ecology & Evolution*, 1, 1722–1730.

# 第8章　ヒトはチンパンジーより「原始的」か

## 足の代わりに手がついている動物

私たちには肢が4本ある。前肢は腕と手で、後肢は脚と足だ。ちなみに、肩から手首までが腕で、その先は手だ。また同様に、足首までが脚で、その先は足である。

さて、ここで、思考実験をしてみよう。前肢だけでなく後肢にも、先端に手がついていたとしたら、私たちはどんな生活を送ることになるだろうか。少し変だけれど、足の代わりに手がついているところを想像してみよう。

たぶん、歩くことはできるだろう。手のひらを地面につけて、ゆっくり歩くことは問題なくできるはずだ。でも、親指が少し邪魔かもしれない。私たちの手の親指は、他の4本の指と向かい合って、ものを摑めるようになっている。しかし、平らな地面を歩いていくのであれば、特に摑むものはないので、親指は役に立たない。それどころか、親指は横に飛び出しているので、何かに引っ掛けて転ぶかもしれない。そう考えると、むしろ親指はないほうがよいだろう。

でも、親指ばかりを責めるのは不公平だろう。他の指にだって問題はある。それは走るときだ。親指以外の4本の指は、歩くときにはそれほどでもないが、走るときにはとても邪魔になる。指が長いと、うまく走れないのだ。

海などでダイビングをするときには、足に魚の鰭（ひれ）のような、大きなフィンをつける。あのフィンをつけて海岸を歩いたことがあれば、実感できるだろうが、フィンをつけると走れない。歩くことはそれほど難しくないのだが、走ろうと思うと急に難易度が上がる。親指以外の4本の指は、フィンほどは長くないけれど、それでも走るときにはずいぶん邪魔になるはずだ。

まあ、これは想像上のことで、実際にはこんな変な生物がいるはずがない。そう思うかもしれないが、そんなことはない。サルの仲間のことを「霊長類」と言うが、昔は「四手（しし）ゅ類」と呼んでいた。読んで字のごとく「手が4つある」という意味だ。たとえば、チンパンジーの足の裏を見せられて、「これは手ですか、それとも足ですか」と質問をされたら、かなりの人が「手だ」と答えるのではないだろうか。そのくらい、チンパンジーの足は手に似ている。少なくとも、私たちの足よりは手に似ているのである。

では、なぜサルの仲間は、足が手のような形をしているのだろう。それは、木に登るためだ。サルの仲間のほとんどは森林に棲んでいるので、手だけでなく足でも枝などを掴めれば、樹上で生活するときに便利なのだ。

つまり、霊長類の中では、私たちのほうが例外なのだ。人類は、手が4つから2つに減ってしまった、いわば「二手類」なのである。

ちなみに、チンパンジーに至る系統とヒトに至る系統が分岐したあとの、ヒトに至る系統に属するすべての生物を「人類」と言う。「人類」にはたくさんの種が含まれる。私たちヒトも、その1種である。

## チンパンジーの手とヒトの手

サルの仲間は四手類だが、その中から二手類に進化したのが人類だ。そう考えると、私たち人類は特別な存在に思えてくる。ありふれた四手類の中のほんの一部だけが、二手類という珍しくて特別な存在に進化したのだから。でも本当に、私たちは特別な存在なのだろうか。

私たちの手とチンパンジーの手を比べてみよう。両方とも指が5本ある。でも、指の長さや頑丈さはかなり異なる。チンパンジーの親指は、小さくて華奢だ。しかし、他の4本の指は、私たちより長くて頑丈だ。

チンパンジーは、親指の長さと他の指の長さがかなり違う。そのため、親指と他の指を向かい合わせにして物を摑むのが、私たちほど上手くない。

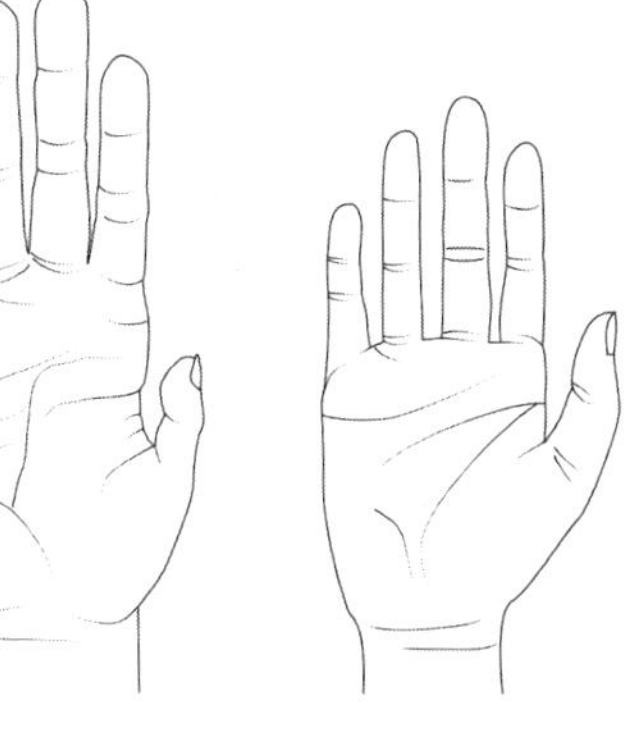
チンパンジーの手（左）とヒトの手（右）

私たちは小さい物なら、親指の先と人差し指の先で摑むのが普通である。でも、チンパンジーは、親指と比べて人差し指が長すぎるので、親指の先と人差し指の横腹で物を挟むことが多い。私たちも、ドアの錠前に鍵を刺して回すときに、こういう指の使い方をする。しかし、そのときでも、チンパンジーよりしっかりと鍵を挟むことができる。
少し大きいものなら、私たちは親指と他の4本指を向かい合わせにして、しっかりと握る。でも、チンパンジーは、親指を使わずに、4本の指を巻きつけるようにして握ることが多い。

このように、物を握ることに関しては、チンパンジーは私たちより下手である。それでは、チンパンジーの親指以外の指は、どうしてこんなに長いのだろうか。

それは、木の枝にぶら下がるためだと考えられている。指が長ければ枝に巻きつけやすくなるし、握力も非常に強いので、長いあいだ枝にぶら下がっていられるのだ。

さらに、チンパンジーの4本の指は、長いだけでなく、もともと少し曲がっている。手のひらを広げたときでも、指を少し握ったような形になっている。そのため、ますます枝に指を巻きつけやすくなっている。

しかし、手を内側に曲げるのが得意だということは、逆に言えば、外側に曲げるのは苦手だということだ。手首の内側の筋肉や腱が短くなり、手首を外側に曲げられなくなるからだ。おそらくそのために、チンパンジーは特徴的な歩き方をする。チンパンジーは、たまに二足歩行もするけれど、ほとんどの時間は四足歩行をしている。四足歩行をするときには、足の裏は地面につけるが、手のひらは地面につけない。手のひらを軽く握ったまま、指の外側を地面につけて、四足歩行をするのである。

この歩き方はナックルウォークと呼ばれ、チンパンジーだけでなく、ボノボやゴリラもこの歩き方をする。具体的には、指を軽く曲げて、親指以外の指の第一関節と第二関節の間を地面につけて歩く（指の先端に近い関節から、第一関節、第二関節と呼ぶ）。ちなみに、オランウータンはナックルウォークをしない。少し似た歩き方をするけれど、ナックルウォークではない。手だけでなく足の指も曲げてこぶしをつくり、手や足の外側の側面を、地面に引きずるようにして歩くのである。

### 私たちの手は独特か

一方、私たちの手には、枝にぶら下がったりナックルウォークをしたりするための特徴がない。たとえば、これらの行動に役立つ手首の骨の補強構造が、（チンパンジーなどにはあるが）私たちにはない。

また、私たちの手は、親指以外の4本の指はチンパンジーよりも短いが、親指は長くて頑丈だ（それでも絶対的な長さでは、親指のほうが他の4本の指より短いけれど）。そのため、親指とそれ以外の指の長さの違いが少なくなり、親指の先と他の指の先で、物をうまく掴むことができる。

しかも頑丈な親指を他の4本の指と向かい合わせにして、少し大きな物でもしっかり握

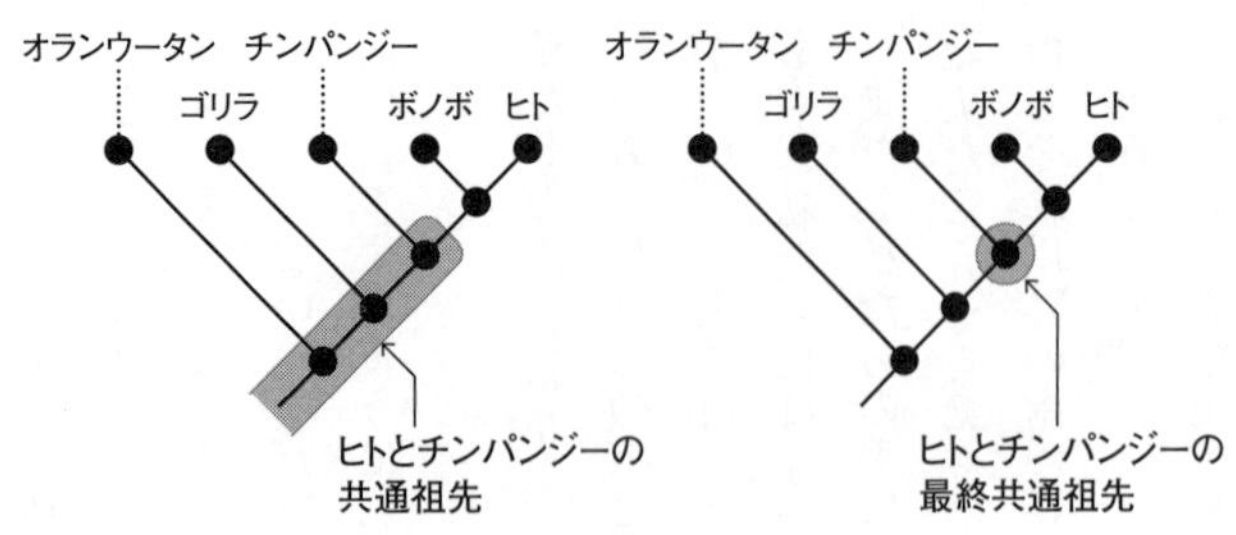


図8–1　共通祖先と最終共通祖先の違い

ることができる。昔、私たちの祖先は石器をつくっていたが、そのためには石を別の石に打ちつけなくてはならない。強くしかも正確に、打ちつけなくてはならない。そのために、石をしっかりと握れる私たちの手は、とても役に立ったことだろう。

このような手の構造は、石器に限らず、さまざまな道具をつくるのにも役に立ったに違いない。そしてそのことが、現在の高度に発達したテクノロジーにまでつながっていると思えば、感慨もひとしおである。

そう考えると、順番としては、チンパンジーのような手からヒトのような手が進化したと考えたくなる。しかし、どうやら事実は逆らしい。ヒトのような手からチンパンジーのような手が進化したようだ。

この順番は、人とチンパンジーの最終共通祖先が、ヒト型の手をしていたのか、チンパンジー型の手をしていたのかがわかれば、決めることができる。

ここで、少しだけ脇道に逸れるが、「最終共通祖先」について説明しておこう。ヒトに至る系統とチンパンジーに至る系統が分かれたのは、約７００万年前と考えられている。この、約７００万年前に生きていた、まさにヒトとチンパンジーが分かれる直前の生物が、ヒトとチンパンジーの共通祖先だ。

でも、ヒトとチンパンジーの共通祖先は、他にもたくさんいる。約７００万年前の共通祖先の、そのまた祖先も、すべてヒトとチンパンジーの共通祖先になるからだ。ヒトとチンパンジーの共通祖先は、魚だったときもあるし、細菌だったときもあるわけだ。そこで、もし約７００万年前に生きていた共通祖先だけを指したいときは、「最終」をつけて「最終共通祖先」と呼ぶのである。

さて、話を戻そう。もしも、ヒトとチンパンジーの最終共通祖先が、チンパンジー型の手をしていれば、ヒトに至る系統で、チンパンジー型からヒト型への進化が起きたことになる（ちなみに、チンパンジーに至る系統では、特に変化は起きなかったことになる）。

一方、もしも最終共通祖先がヒト型の手をしていれば、チンパンジーに至る系統で、ヒト型からチンパンジー型への進化が起きたことになる（ちなみに、ヒトに至る系統では、特に変化は起きなかったことになる)。

さて、実際にはどちらだったのだろう。それを推測するために、2つの化石を見てみよう。

## 「原始的」と「派生的」

1つは1948年に発見された、プロコンスルという類人猿の化石だ。およそ2000万年前に生きていた類人猿で、かつてはチンパンジーの祖先と考えられていた。しかし現在では、チンパンジーに至る系統と人類の系統が分かれたのは、およそ700万年前であると考えられている。2000万年前と言えば、チンパンジーに至る系統と人類の系統が分かれるより前である。

チンパンジーと人類が分かれる前に生きていて、かつチンパンジーの祖先であれば、それは人類の祖先でもあるということだ。ということで、プロコンスルは人類とチンパンジーの共通祖先か、その近縁種であると考えられるようになった。

このプロコンスルは、枝にぶら下がったりナックルウォークをしたりするのに適した構造を、持っていなかった。つまり、チンパンジーのような、長くて曲がった4本の手指や、手首の骨の補強構造を持っていなかったのだ。そのため、プロコンスルは、手のひらや足の裏を、地面や(木の上では)枝につけて、四足で歩いていたと考えられている。

もう1つの化石は、およそ440万年前に生きていた、アルディピテクス・ラミダスという人類のものだ。アルディピテクス・ラミダスは比較的初期の人類であり、人類の「原始的」な特徴を残していると考えられている。ところが、このアルディピテクス・ラミダスの手には、枝にぶら下がったりナックルウォークをしたりするのに適した構造は認められなかった。

ここで「原始的」という言葉を使ったが、これは、「原始人」とか「原始時代」の「原始」とは意味が異なる。「原始人」や「原始時代」の「原始」は、「初期の」とか「未開の」とかいう意味だろう。しかし、生物の進化でよく使う「原始的」はそういう意味ではない。

子孫が、祖先と変わらずに、同じ形質(特徴)を持っている場合に、その子孫が持っている形質を原始的な形質という。また、子孫が祖先と異なる形質を持っている場合、その子孫が持っている形質を「派生的」な形質という。

たとえば、現生の四肢動物(両生類と爬虫類と鳥類と哺乳類)の指は、すべて5本かそれより少ない。6本以上の指を持つものはいない。これは、現生の四肢動物の最終共通祖先が、5本指だったからと考えられている。5本より少ないものは、もともとは5本だったのだが、そこから減ったと考えるわけだ。つまり、現在のヒトの指は、最終共通祖先と同じ5本なので、原始的な状態だ。一方、現在のウマの指は1本なので、派生的な状態と言える。

ただし、この「原始的」とか「派生的」とかいうのは、相対的なものである。現生の四肢動物の最終共通祖先よりも昔に生きていた四肢動物には、指を7本持つものや8本持つものもいた。それらの昔の脊椎動物の最終共通祖先が、何本指だったのかはわからないが、仮に8本だとしよう。その場合は、ヒトの指は5本なので派生的な状態になる。

つまり、現生の四肢動物の最終共通祖先(5本指)から見れば、ヒトの指(5本指)は原始的だが、すべての四肢動物の最終共通祖先(8本指)から見れば、ヒトの指(5本指)は派生的なのである。

さて、ふたたび話を戻そう。そして、2つの化石を参考にしながら、ヒトとチンパンジーの最終共通祖先が、どんな手をしていたのかを考えてみよう。

仮に、ヒトとチンパンジーの最終共通祖先が、チンパンジー型の手をしていたとしよう。

その場合、アルディピテクス・ラミダスの手に、チンパンジー型の特徴が少しは残っていそうである。アルディピテクス・ラミダスは比較的初期の人類なので、原始的な特徴が、まだ残っていると考えられるからだ。ところが実際には、チンパンジー型の特徴がないのだから、ヒトとチンパンジーの最終共通祖先が、チンパンジー型の手をしていた可能性は低い。

さらに、プロコンスルの化石がある。プロコンスルは、ヒトとチンパンジーの最終共通祖先よりも昔に生きていた類人猿である。このプロコンスルがヒト型の手をしていたのだから、類人猿はもともとヒト型の手をしていた可能性は高い。もしそうなら、チンパンジーの手は派生的で、私たちヒトの手が原始的ということになる。

## ヒトとチンパンジーの最終共通祖先

ただし、「類人猿はもともとヒト型の手をしていた」という考えには、1つ問題がある。その場合は、チンパンジー型の手が、別々に何度か進化しなければならないからだ。ヒト型の手が祖先形だとした場合、チンパンジーやゴリラやオランウータンなどで、独立に手の形が変化しなくてはならない。そんなことって、あるだろうか。それを考えるために、

ロープを使ったオランウータンのぶら下がり行動（©Science Photo Library/amanaimages）

また化石に戻ってみよう。

シヴァピテクスという、およそ1000万年前に生きていた類人猿がいる。現生のオランウータンに似た、独特な顔の形をしているため、オランウータンに近縁だと考えられている。チンパンジーやゴリラなどの他の類人猿に至る系統と、オランウータンに至る系統が分岐したのは、だいたい1500万年前と考えられている。そこで、シヴァピテクスは、オランウータンが、チンパンジーやゴリラと分かれたあとの、オランウータンに至る系統に属すると考えられる。おそらくシヴァピテクスは、オランウータンの祖先か、それに近縁な類人猿なのだ。

オランウータンは、先ほど述べたようにナックルウォークはしないが、枝にはよくぶら下がるので、ぶら下がり型の特徴を持っている。ところが、シヴァピテクスの化石には、ぶら下がり型の特徴がほとんどないのである。

シヴァピテクスをオランウータンの祖先形だと解釈すれば、オランウータンのぶら下がり型の行動は、オランウータンに至る系統の中で進化したことになる。つまり、チンパンジーやゴリラとは別々に進化したことになる。オランウータンでぶら下がり型の行動が独立に進化したのなら、チンパンジーやゴリラでも独立に進化しておかしくない。

そうであれば、問題はなくなる。つまり、ヒト型の手からチンパンジー型の手が進化してもおかしくないことになる。派生的なのはチンパンジーの手で、ヒトの手は原始的ということになる。

つい私たちは、自分が特別な存在で、他の類人猿から大きく進化したと思ってしまう。そして他の類人猿、たとえばチンパンジーは、ほとんど進化していないと思いがちである。そういう考え方の極端なものが、ヒトとチンパンジーの最終共通祖先は、チンパンジーそっくりの生物だったと考えることだ。

ヒトに至る系統とチンパンジーに至る系統が分かれてから、およそ700万年が経つ。そのあいだ、チンパンジーの系統はほとんど変わらず、ヒトの系統だけがどんどん変わっていった、なんてことがあるはずがない。両者とも、だいたい同じくらい変化しているはずだ。

たしかに、ヒトに至る系統のほうが、目立つところが変化したということはあるかもしれない。脳が大きくなったり、体毛が薄くなったりすると、結構目立つし、その影響は大きいかもしれない。それでも全体的に見れば、ヒトに至る系統でもチンパンジーに至る系統でも、だいたい同じくらい変化しているはずだ。だから、チンパンジーより私たちのほうが原始的なところだって、たくさんあるのだ。

# 第9章　自然淘汰と直立二足歩行

## 明日のことなど考えない

「お金が欲しい？　じゃあ、10円あげようか？　でも、一日だけお金をもらうのを我慢すれば……明日になったら、1億円上げるんだけどな」

そう言われたら、きっとあなたは一日我慢するだろう。一日待つだけで、10円が1億円に増えるなら、待たない人なんているわけがない。ところが、自然淘汰にはそういうことができない。明日のことなんて、考えられない。今日10円もらって、それでおしまいだ。1億円をもらうチャンスをみすみす逃してしまうのが、自然淘汰というものだ。

自然淘汰は、進化の主なメカニズムである。目を見張るような素晴らしい生物の特徴、たとえばハヤブサの時速300キロメートルを超える急降下や、数十億種類の抗体をつくる私たちの免疫システムは、この自然淘汰によってつくられたものだ。

その一方で自然淘汰は、将来を予想して頑張ることが、まったくできない。自然淘汰は生物を、適応度が高くなる（つまり子をたくさん残せる）ように進化させるけれど、この「適応度が高い」というのは、「現在において適応度が高い」という意味だ。

私たちヒトは、二本足で歩く動物だ。体を真っすぐに立てて歩くので、直立二足歩行と言う。この直立二足歩行が、自然淘汰で進化したことに疑う余地はない。つまり、直立二足歩行をすると、よいことがあるわけだ。具体的には、直立二足歩行をすると両手が空くので、食料を運ぶことができる。それが重要だったらしい。

しかし、疑問がないわけではない。人類は直立二足歩行をするように進化したけれど、それ以前は、他のサルや類人猿のように四足歩行をしていたはずだ。では、どうやって、四足歩行から直立二足歩行へ進化したのだろうか。その途中は、どんな感じだったのだろうか。

四足歩行から直立二足歩行へと移る途中は、中腰で前かがみになって、ヨロヨロと歩いていたのだろうか。いや、それは考えにくい。完全な四足歩行をしたり、完全な直立二足歩行をしたりすれば、それなりに適応度は高くなるだろう。肉食獣が来たら、逃げたり、木に登ったり、枝を振り回したりできるからだ。でもその中間の、中腰のヨロヨロ歩きの場合は、そういうことがうまくできない。だから、四足歩行や直立二足歩行よりも、中腰のヨロヨロ歩き（これを中腰歩行と呼ぶことにしよう）のほうが、肉食獣に食べられる確率は高くなるはずだ。

ということは、中腰歩行の適応度は、四足歩行の適応度より低くなるはずだ。そうであれば、自然淘汰によって、四足歩行から中腰歩行に進化するはずがない。とはいえ、途中の中腰歩行を通らずに、完全に四足歩行をしている親から、いきなり完全に直立二足歩行をする子供が産まれたとは考えられない。いったい、どんな進化の道を通って、四足歩行から直立二足歩行は進化したのだろうか。

## 大きな木に登るには

ものすごく大きな木に登ることを考えよう。天を衝くような高さで、幹もとても太い。あまりに太いので、幹の表面が曲がっているように見えない。もちろん幹は円柱形をしているのだが、太すぎて、表面がほとんど平らに見えるのだ。このような太い木に登るには、どうしたらよいだろうか。

リスのような鉤爪があれば、こういう大きな木でも、簡単に登ることができる。尖った鉤爪を幹の表面に引っ掛けて、どんどん上に登っていくことができる。

しかし、私たちのような手では、こういう大きな木に登ることは難しい。手で幹を摑もうとしても、太すぎて摑めないからだ。私たちも含めたサルの仲間の手は、たいてい親指が他の4本の指と向かい合うようになっている。これを拇指（ぼし）対向性と言う（拇指は親指のこと）。このような拇指対向性は、木に登るために進化したと考えられることが多い。でも、木がとても大きければ、私たちのような拇指対向性より、リスのような鉤爪があったほうが、木登りには役に立ちそうだ。それなら、どうして私たちの手では、拇指対向性が進化したのだろうか。

それを考えるために、少し木を小さくしてみよう。幹を両手で抱えられるぐらいまで木が小さくなれば、私たちも木に登ることができる。幹の周りに、完全に腕が回らなくても大丈夫だ。サルなどは、幹の半分ぐらいまで腕が回れば、十分登れるようである。

こうして木に登って上のほうに行くと、だんだん枝が細くなってくる。水平に伸びた枝の上を進んでいくときには、落ちないように気をつけなくてはいけない。つまり、体が左右に傾かないように気をつけなくてはならない。でも、いくら気をつけても、たまには体が左右に傾いてしまうこともある。そういうときには、「おっと、ヤバイ」とか思って、体を真っすぐに立て直さなくてはならない。その場合は、鉤爪と拇指対向性のどちらが便利だろうか。

ちょっと話が変わるが、目の前に、直径が10センチメートルで長さが1メートルの棒が立っていたとする。この棒を立てたまま、クルクル回したい。そういうときに鉤爪を、棒の表面に上から下に向けて引っ掛けて、棒を回そうと思っても、なかなかうまく回らないだろう。全然回せないことはないだろうが、すぐに鉤爪が外れてしまって、イライラしそうだ。こういうときは、拇指対向性の手のほうが、ずっと役に立つ。棒を掴んでクルクルと回せばよいのだから。

枝の上を歩いているときに左右に傾いた体を立て直す動きと、立っている棒をクルクル回す動きは、基本的には同じものだ。体が回るか棒が回るかが違うだけで、体と棒の関係は同じだからだ。だから、水平な枝の上で体勢を立て直すときには、鍵爪よりも拇指対向性のほうが役に立つ。枝が太ければ鉤爪でも大丈夫だが、枝が細くなるにつれて、拇指対向性のほうが便利になってくる。

それでは、さらに枝が細くなったら、どうなるだろう。木があまり小さくなると、今度は枝が折れるおそれがでてくる。どんなに拇指対向性の手で枝をしっかり握っていても、枝自体が折れてしまったら、どうしようもない。1本の枝を4つの手足でしっかり握ったまま、地面に落下してしまう。それでは、枝を折らないためには、どうしたらよいのだろうか。

## 小さな木に登るには

細い枝を折らずに歩くためには、1本の枝に掛かる重さを分散させればよい。つまり、1本の枝を4本の手足で摑むのではなく、複数の枝を4本の手足で摑めばよい。そうすれば、1本の枝に掛かる重さが減るので、枝が折れる可能性は低くなる。もし枝の1本が折れても、他の枝にぶら下がって助かるかもしれない。

このように、複数の枝に摑まりながら枝の上を歩くには、四足歩行よりも二足歩行が便利だろう。たとえば、後肢で枝の上を歩きながら、前肢で他の枝に捕まれるからだ。

さて、木が小さくなるにつれて、鉤爪より拇指対向性が便利になり、さらに枝が細くなるにつれて、四足歩行より二足歩行が便利になることを述べた。もちろん、これは単純化した話で、現実には例外もあるだろう。しかし、大雑把な傾向としては、こういうことが言えるはずだ。

ところで、木と動物の大きさは相対的なものである。だから、木が小さくなる代わりに、動物のほうが大きくなっても、話は変わらない。そして実際には、木が小さくなったのではなくて、動物のほうが大きくなったようだ。人類はサルの仲間では大きいほうだからだ。

前章でも述べた初期の人類、アルディピテクス・ラミダスは、木の上を二足歩行していた可能性が高い。アルディピテクス・ラミダスは直立二足歩行をしていたにもかかわらず、足の親指は他の4本の指と離れており、足で枝を摑むことができたからだ。つまり、4本の手足で枝を摑むことができたのだ。体重が50キログラムのアルディピテクス・ラミダスが、枝先の果実を食べようとしたら、複数の枝に手足で摑まらないと、枝が折れてしまったのだろう。

かつては、直立二足歩行は、草原で進化したと考えられていた。だがその場合は、四足歩行から直立二足歩行へ移る途中で、適応度が低い中腰歩行の段階を通らなければならない。しかし、適応度の高い四足歩行から、適応度の低い中腰のヨタヨタ歩きが、自然淘汰によって進化するとは思えない。

ところが、木の上で二足歩行が進化したのなら、この問題は解決される。体が大きくなった人類の祖先が、枝先の果実を食べようとしている。四足歩行で1本の枝の上を歩いて、果実に近づいた場合は、枝が折れて地上に落ちてしまうかもしれない。しかし、中腰歩行で両手両足を使って複数の枝に摑まっていれば、果実に近づいても枝は折れずに、めでたく果実を食べられるかもしれないのだ。

木から落ちなければ、果実も食べられるし怪我もしない。だから、木から落ちる回数が少ないほうが、適応度が高くなるはずだ。したがって、四足歩行より中腰歩行のほうが、適応度が高くなる可能性が高い。そうであれば、自然淘汰によって、四足歩行から中腰歩行への進化が起きる。

四足歩行から直立二足歩行に進化するには、中腰歩行の段階を通らなければならない。しかし地上では、四足歩行より中腰歩行のほうが適応度が低いので、直立二足歩行は進化しない。一方、樹上では、(体重が重ければ)四足歩行より中腰歩行のほうが適応度が高いので、直立二足歩行が進化する可能性があるのだ。

## なぜチンパンジーはいまも四足歩行か

チンパンジーやゴリラなどの類人猿は、尾のないサルと言われることが多いが、体重の重いサルでもある。特にゴリラは、私たちヒトより重い。もし体重が重いと、直立二足歩行が進化するのなら、どうして他の類人猿では、直立二足歩行が進化しなかったのだろうか。なぜチンパンジーは、いまでも四足歩行をしているのだろうか。

江戸時代に広まった話に、風が吹けば桶屋が儲かる、というものがある。だいたい以下のような、たくさんの主張をつなげた話である。

主張1　風が吹けば、土ぼこりが立つ。
主張2　土ぼこりが目に入れば、失明する。
主張3　失明した人は、三味線を買う。
主張4　(三味線の革にはネコの皮が使われるので)三味線が売れれば、ネコが減る。
主張5　ネコが減ると、ネズミが増える。
主張6　(ネズミは桶をかじるので)ネズミが増えれば、桶が壊れる。
主張7　桶が壊れれば、桶を買う。
主張8　桶が売れれば、桶屋が儲かる。

これは笑い話として語られることが多いけれど、少しだけ真面目に考えてみよう。はたして本当に、風が吹くと桶屋は儲かるのだろうか。

この8個の主張は、それぞれが100パーセント成り立つ話ではない。土ぼこりが目に入ったからといって、失明するとはかぎらないし、失明した人が全員三味線を買うわけでもない。

そこで、それぞれの主張の内容が起きる確率を80パーセントとしてみよう。たとえば、主張3なら、失明した人が100人いたとき、そのうちの80人が三味線を買ったとするわけだ。

主張は全部で8個あるので、桶屋が儲かる確率は、0・8を8回掛ければ求められる。

$$0.8 \times 0.8 \times 0.8 \times 0.8 \times 0.8 \times 0.8 \times 0.8 \times 0.8 = 0.167\cdots$$

つまり、桶屋が儲かる確率は、約17パーセントだ。ということは、儲からない確率は、約83パーセントになる。儲かる場合より儲からない場合のほうが多いのだ。

考えてみれば、先ほどの「体重が重ければ、樹上では、四足歩行より中腰歩行のほうが適応度が高くなり、ひいては直立二足歩行が進化する」という話も、「風が吹けば桶屋が儲かる」という話と同じである。

いや、樹上で直立二足歩行が進化する話がインチキだというわけではない。実際にアルディピテクス・ラミダスが、手で枝を摑みながら樹上を歩いていた可能性は高い。また、樹上での二足歩行（あるいは中腰歩行）がなかったら、直立二足歩行が進化しなかった可能性も高い。

でも、だからといって、樹上で二足歩行をしたら、必ず直立二足歩行が進化するわけではないのである。樹上で二足歩行をしたたくさんの種の中で、直立二足歩行をするようになる種は、ほんの一部だけだろう。そういう意味で、進化の説明は桶屋の話に似ているのだ。

たとえば、「なぜ多細胞生物が進化したのか」という問いに対する答えとして、多細胞生物が単細胞生物より優れている点を挙げることが多い。「多細胞生物になるとこんなによいことがあります」と答えることが多い。それはよいのだが、その答えがいつも100パーセント成り立つわけではない。もしそうなら、地球上の生物はすべて多細胞生物になってしまうはずだ。単細胞生物なんか、1匹もいなくなってしまうはずだ。でも、いままでも地球には、多細胞生物よりもずっと多くの単細胞生物がいるのである。

直立二足歩行をする生物は、人類しかいない。しかし、直立しなくてもよければ、二足歩行をするサルや類人猿はたくさんいる。樹上を二足歩行するサルや類人猿もたくさんいる。約700万年前にその中の1種が直立二足歩行を始めた。もしかしたら、それは私たちでなくてもよかったのかもしれない。他のサルや類人猿でもよかったのかもしれない。進化では偶然も大きな役割を果たしているのである。

# 第10章　人類が難産になった理由とは

## 卑怯なコウモリと骨盤の形

昔、獣と鳥が戦争をしていた。その様子を見ていたコウモリは、獣が勝ちそうになると、獣のところに行って、「私は体に毛が生えているから、獣です」と言った。ところが鳥が勝ちそうになると、鳥のところに行って、「私は翼があるから、鳥です」と言った。

これは「卑怯なコウモリ」などと呼ばれているイソップの話の前半である。このコウモリを卑怯というのは、ちょっとかわいそうな気もするが、それはともかく……。

進化では、新しいものを1からつくるのではなく、すでにあるものを修正して使うことが普通である。しかも、すでにあるものは限られているため、1つのものを複数の用途に使うことも多い。同じコウモリでも、獣として働くこともあれば、鳥として働くこともあるわけだ。

でも、つい私たちは、そのことを忘れてしまう。コウモリが獣として働いているところを見れば、そのことだけが記憶に残り、別のところでは鳥として働いていることを、つい忘れてしまうのである。

さて、私たちヒトは、直立二足歩行をしている。だから、私たちは、直立二足歩行をするための特徴を、たくさん持っている。その中から比較的有名なものを2つ挙げてみよう。

1つ目は、骨盤の形だ。私たちの骨盤は、左右に長くて上下に短いのである。私たちが脚を伸ばしたまま、脚を横に動かす、つまり股を開くように脚を動かす運動を「外転」と言う。反対に、開いた股を閉じるように動かす運動を「内転」と言う。脚を外転させる筋肉は、外転筋と呼ばれることもある。

外転筋は大腿骨（腿の骨）と骨盤（腰の骨）をつなげている。チンパンジーの骨盤は縦に長くて横に短い。一方、ヒトの骨盤は縦に短くて横に長い。そのため私たちは、骨盤の左右に伸びた部分に、外転筋をしっかりとつなげることができる。この外転筋が、歩くときに重要なのである。

たとえば、私たちが歩こうと思って、左足を踏み出すとき、当たり前だが左足は地面から離れる。そのとき、私たちの体は、右足だけで支えられている。そのため、体が左に傾きやすくなる。でも、左に傾くと、せっかく踏み出した左足を地面に引きずってしまい、うまく歩けない。

それを避けるために、右側の外転筋が収縮して、骨盤の右側を引き下げる。すると反対に、骨盤の左側が引き上げられて、左足を引きずらなくてすむのである。私たちの骨盤は左右に長いので、この外転筋をしっかりとつなげることができるのである。ちなみに、骨盤が左右に長いことは、直立したときに、内臓を下からカゴのように支える役割も果たしている。

さらに、骨盤が上下に短いことも、直立二足歩行の役に立っている。骨盤は複数の骨でできているけれど、全体が一塊になっていて、ほとんど動かない(妊娠末期には、骨盤の前の部分の骨同士の結合が少しゆるみ、産道を大きくする)。したがって、動かない骨盤を上下に短くすれば、その分、脊椎の動く部分が増える。直立二足歩行をするためにはバランスを取ることが必要なので、脊椎の動く部分が増えたほうが都合がよい。つまり、骨盤が上下に短いほうが、バランスを取りやすいのである。

さて、直立二足歩行を上手く行うための、2つ目の特徴は、膝の形だ。膝は、腿(もも)と脛(すね)をつないでいるところだ。腿の中には、大腿骨が1本通っている。脛の中には脛骨（けいこつ）と腓骨（ひこつ）という2本の骨が平行に通っているが、体重を主に支えているのは脛骨である。

前から見たとき、多くの動物は脚が真っすぐ下に伸びている。腿も脛も、体から真っすぐ下に伸びている。だから、脛骨と腓骨も真っすぐにつながっている。しかし、私たちの腿は、少し内側に向かって伸びている。一方、脛は真っすぐ下に伸びている。したがって、（腿の）大腿骨と（脛の）腓骨は斜めにつながっている。私たちの両脚を前から見ると、Y字型になっているのである。

これも、直立二足歩行をするときに役に立つ特徴だ。たとえば、私たちが左足を踏み出すと、左足は地面から離れる。そのとき、私たちの体は、右足だけで支えられている。このとき、右足が体の真下かその近くにあれば、体をあまり傾けずにすむ。私たちの左右の脚は、つけ根のところでは離れているが、膝や足先のところでは近づいている。そのため、左右の膝がすぐ近くを通って、足先を前に向かって真っすぐ動かすことができる。直立二足歩行をしても、体を左右に揺らさずに、スムーズに歩けるのである。

タンザニアのラエトリで見つかった人類の足跡化石のレプリカ
（提供：Momotarou2012）

## アウストラロピテクスの足跡

以上のように、骨を調べることによっても、ある程度は歩き方を推測することができる。だが、それには限界がある。しかし、足跡が残っていれば、その限界を超えることができる。足跡は、まさに行動が化石になったものだからだ。

人類最古の足跡は、タンザニアのラエトリで発見されたものである。足跡しか残っていないので、どんな種のものか確実にはわからない。しかし、近くで同じ時代のアウストラロピテクス・アファレンシスの化石が発見されているので、その足跡もアウストラロピテクス・アファレンシスのものである可能性が高い。そこで、すべての研究者が賛成しているわけではないけれど、ここではラエトリの足跡を、アウストラロピテクス・アファレンシスのものだとして話を進めよう。

アウストラロピテクス・アファレンシスは、およそ３９０万〜２９０万年前に生きていた人類である。第９章で出てきたアルディピテクス・ラミダスはおよそ４４０万年前に生きていたので、それよりは新しい人類だ。

足跡を見るかぎり、アウストラロピテクス・アファレンシスは、いまの私たちとほとんど同じ歩き方をしていたようだ。地面には踵から着地し、親指とそのつけ根で踏ん張って足を地面から離す。そして、真っすぐに進んでいる。類人猿のようによろめく足取りではない。

また、現在のヒトが実際に歩いて実験してみたところ、膝を曲げたまま歩くと、足跡ではつま先の方が深くなることがわかった。しかし、ラエトリの足跡は、つま先と踵の深さが同じくらいだった。こういう足跡は、膝を伸ばして歩いたときにできる。したがって、アウストラロピテクス・アファレンシスは、きちんと直立二足歩行をしていたと考えられる。

では次に、アウストラロピテクス・アファレンシスの骨を調べてみよう。膝と骨盤はどうなっているだろうか。

膝では、ちゃんと脛骨と腓骨が斜めにつながっていた。つまり、アウストラロピテクスの脚はY字型で、体を左右に傾けずに歩くことができたということだ。しかも骨盤は、私たちよりも上下に短く、左右にもより大きく張り出していた。その形は、私たちの骨盤よりも直立二足歩行に適しているように見える。

ひょっとしたら、人類の直立二足歩行は、アウストラロピテクス・アファレンシスで最高に達し、それからだんだん下手になったのだろうか。私たちはアウストラロピテクス・アファレンシスよりも、歩くのが下手なのだろうか。それについて考えるために、少し違う角度から骨盤を眺めてみよう。

## 人類はなぜ難産なのか

昔の人骨が発見されたとき、その人骨が男性のものか女性のものかは、骨盤を見れば（専門家なら）わかる。そして私たちは、男女で骨盤の形が違うことを、当たり前だと思っている。女性は子を産めるように、骨盤の形が男性と違っているというわけだ。しかし、私たちと同じように子を産む哺乳類でも、骨盤の形がオスとメスで変わらない種は結構いる。安産な種ならば、子を産むからといって、特別な骨盤は必要ないのだろう。私たちヒトは、哺乳類の中でもっとも難産な種なので、骨盤にもそれなりの工夫が必要なのだ。

私たちが難産である原因は2つある。1つ目は直立二足歩行だ。直立二足歩行をするためには、バランスを取る必要がある。そのため、私たちの脊柱（背骨）は、前から見るとまっすぐだが、横から見るとS字状にカーブしている。ちなみに、サルや類人猿の脊柱は、後ろに膨らむような大きな1つのカーブを描いているだけで、S字状にはなっていない。

私たちの脊柱は、たとえば腰の辺り（つまり子宮のすぐ後ろ）では前に膨らみ、その下（つまり産道のすぐ後ろ）では逆に後ろに膨らむようなカーブを描いている。そのため、ヒトの胎児は産まれるときに、体をS字に曲げなければならない。これが、難産の原因になっている。

しかも、直立二足歩行をしているために、私たちの内臓は下向きに重力を受ける。何もしなければ、骨盤の穴をくぐり抜けて落ちてしまう。そのため、内臓が落ちないように筋肉が発達している。この筋肉が出産のときには邪魔になる。これも、難産の原因の1つになっている。

難産の原因の2つ目は、胎児の頭の大きさだ。私たちは大きな脳を持っているため、産道を通るのが大変なのだ。

さて、アウストラロピテクス・アファレンシスは、すでに述べたように、直立二足歩行をしていた。そのため、難産の原因の1つ目は、現在の私たちと共有していただろう。しかし、その一方で、アウストラロピテクス・アファレンシスの脳は、だいたい450ccぐらいで、あまり大きくなかった（ヒトは約1350cc、チンパンジーは約400cc）。だから、難産の2番目の原因は、アウストラロピテクス・アファレンシスにはなかったのである。

難産の2つの原因のうち、1つはあったのだから、アウストラロピテクス・アファレンシスも少しは難産だったかもしれない。それでも胎児の頭が小さければ、大した難産ではなかっただろう。それなら、骨盤の進化において、あまり難産について対処する必要はなかったはずだ。そのため、直立二足歩行に役に立つ形に、比較的自由に進化できたのかもしれない。

しかし、胎児の頭が大きくなると、そうも言っていられない。アウストラロピテクス・アファレンシスの骨盤は前後に短いので、骨盤の中の穴も前後に短い楕円形である。そのため、ヒトの胎児の頭なら、通り抜けることができないだろう。

一方、ヒトの骨盤は、アウストラロピテクス・アファレンシスの骨盤を、左右に少しつぶして、そのぶん前後に膨らんだような形になっている。したがって、上から見たとき、アウストラロピテクス・アファレンシスの骨盤の穴は楕円形だが、ヒトでは円形に近くなっている。その結果、ヒトの胎児の大きな頭も、何とか骨盤の穴を通り抜けることができるのだ。

ところで、こういうアイデアはどうだろうか。骨盤をとても大きくするのだ。そうすれば、骨盤が左右に広がるので外転筋がつく場所ができて、直立二足歩行が上手くできる。しかも、骨盤の穴も大きくできるので、難産も避けられるだろう。まさに一石二鳥である。でも、こういうわけには、なかなかいかないようだ。

歩くときには骨盤が、水平面上を少し回転する。骨盤の右側が前に行ったり、左側が前に行ったりするのだ。骨盤が大きくなると、このために使われるエネルギーが増えて、歩くのが遅くなる。だから、速く歩いたり走ったりするには、ある程度骨盤が小さいほうがよい。そのため、骨盤をいくらでも大きくするわけにはいかないのである。

## あちらを立てればこちらが立たず

このように骨盤は、直立二足歩行にも、子供の出産にも、（そして、おそらくもっと他のことにも）うまく対処しなくてはならない。直立二足歩行のためには好都合なことでも、出産のためには不都合なら、それが進化するか、あるいは少しだけ進化するか、それとも進化しないかは、ケース・バイ・ケースだろう。

そもそもある形質が、1つのことにしか役に立たないなんてありえない。必ずたくさんのことの役に立ち、それと同時に、たくさんのことの邪魔になっている。だから、進化を1つの方向からだけ見ていると、本当の姿は見えてこない。

ところで実際のところ、私たちとアウストラロピテクス・アファレンシスでは、どちらのほうが歩くのが上手かったのだろうか。アウストラロピテクス・アファレンシスは腕よりも脚のほうが短く、地上を大股に歩くわけにはいかなかった。また、私たちに比べると脚の骨が細くて弱々しく、長距離を力強く歩く感じでもない。そして足の親指も、私たちほどは前を向いていなかった。

チンパンジーのように他の4本の指とはっきり離れているわけではないので、歩くのにほとんど邪魔にはならなかっただろう。とはいえ、少しは斜めを向いているのだ。だから、アウストラロピテクス・アファレンシスの直立二足歩行は、アルディピテクス・ラミダスよりは上手かっただろうが、私たちヒトほどは上手くなかっただろう。

しかし、私たちの骨盤を見ると、うっかり私たちのほうが、直立二足歩行が下手だと思ってしまうかもしれない。でも考えてみれば、骨盤の役割は、直立二足歩行だけではない。

出産など、他にもいろいろなことの役に立っているのだ。

また逆に、直立二足歩行に関係している特徴は、骨盤だけではない。足など、他にもいろいろな特徴が関係しているのだ。物事を一面からだけ見ていては、見えにくいものもあるのである。

# 第11章　生存闘争か、絶滅か

## ヒト対ウマのマラソン

イギリスのウェールズでは、１９８０年から毎年、ヒトとウマのマラソン大会が開催されている。全長35キロメートルのコースを、何百人ものヒトと何十頭ものウマが走って、優勝を競うわけだ。

もちろん短距離なら、勝負にならない。ウマが勝つに決まっている。でも、長距離になると話は違ってくる。ヒトとウマのマラソンでは、かなりの好勝負が展開されているのだ。それでも優勝するのは、毎年ウマだった。しかしついに、ヒトとウマのマラソンが始まってから25年目の２００４年に、ヒトが優勝したのである。ヒュー・ロブという人間が2時間5分19秒で、ウマに2分以上の差をつけて、ゴールに飛び込んだのだ。それからというもの、このレースでは、ウマに勝つヒトが現れるようになった。

2006年に行われたヒトと馬のマラソンの様子(提供:Jothelibrarian)

もっとも、ヒトは普通に1人で走るのに、ウマはヒトを乗せて走るのだから、少し不利ではある。それでも、ウマがヒトに走って負けるなんて、じつは驚くべきことなのだ。

シカやウシなど多くの哺乳類は、長時間走り続けると体温が上がり過ぎて、それ以上走れなくなる。体毛が生えていることもその理由の1つだが、汗を少ししかかかないことも大きな理由である。

一方、私たちヒトは、体毛が薄い上に、体温を下げるために汗をかく。だから体温が上がりにくく、長距離走に向いている。しかし、じつはヒト以外の動物で、ヒトと同じように体温を下げるために、大量の汗をかく動物がいる。それがウマだ。

だから、ヒトが他の動物とマラソンをしたときに、強敵となるのがウマなのだ。ところがヒトは、そんなウマとも互角の勝負をして、ときには勝つことさえある。ということは、その他のほとんどの動物は、長距離走ではとてもヒトにはかなわないということだ。

## ヒトは「追いかける」ことは得意

歩くことと走ることは違う。人類が歩き始めたのは、おそらく人類が誕生したときで、約700万年前だ。しかし、走り始めたのはそれよりかなりあとの、ホモ・エレクトゥスの時代である可能性が高い。ホモ・エレクトゥスは、約190万〜10万年前に生きていた人類だ。

約440万年前のアルディピテクス・ラミダスは、おそらく走らなかっただろう。足の指が長いので、走るときには邪魔になるし、親指が他の指と離れていたので、走ると何かに引っ掛けそうだ。

約390万〜290万年前のアウストラロピテクス・アファレンシスは、足の指はかなり短いし、親指も他の指とそれほど離れていない。だから走れそうな気もする。でも、走るのに重要な尻の筋肉（大臀筋）は発達していないし、体毛も濃かったと考えられるので、走るとすぐに体温が上がりそうだ。だから、ほとんど走れなかっただろう。

そこで、ホモ・エレクトゥスだ。ホモ・エレクトゥスの足の指は短いし、親指も他の指と離れていない。また、尻の筋肉（大臀筋）も大きくなっている。さらに、体毛が薄くなっていた可能性もある。

遺伝的な研究から、人類の肌の色が黒くなったのは、約１２０万年前だと推定されている。もしも体毛が薄くなれば、紫外線が直接肌に当たる。すると、紫外線から肌を守るために、メラニン色素が増えて肌が黒くなる。したがって、肌が黒くなった時期は、体毛が薄くなった時期と一致すると考えられる。

ただし、この推定はかなり大ざっぱなものなので、１２０万年前という数字はあまり気にしなくてよいかもしれない。体毛が薄くなったのはホモ・エレクトゥスの時代である、ぐらいに考えておけばよいだろう。

さらに言えば、ホモ・エレクトゥスは三半規管が大きい。三半規管は、耳の奥の中耳にある。平衡感覚や回転感覚をつかさどるところで、走るときに重要な器官である。これは頭蓋骨の中の空洞に入っているので、化石でも確認できる。この三半規管が、アウストラロピテクスでは小さく、ホモ・エレクトゥス（とヒト）では大きいのである。おそらくホモ・エレクトゥスは、私たちのように頭を一定の高さに保ったまま、走ることができたのだろう。一方、三半規管の発達していないアウストラロピテクスは、走ると頭が揺れてしまうので、うまく走れなかったと思われる。

このように、ホモ・エレクトゥス以降、私たち人類は走るようになった。そして私たちは、逃げるのは苦手だが、追いかけるのは得意になった。それは私たちが、短距離走は苦手だが、長距離走は得意だからである。

もしもライオンやハイエナに追いかけられたら、私たちが逃げられる望みはほとんどない。いくら全力疾走したところで、たいていの肉食獣は、その2倍以上の速さで追いかけてくるのだから。

でも、追いかけるのなら、話は違ってくる。たしかにウシでもシカでも、全力疾走をすれば、私たちより速い。だから、追いかけ始めても、最初は私たちを引き離して、どんどん先へ逃げてしまうだろう。しかし、いつまでも全力疾走ができるわけはない。どんなにウシやシカが遠くに逃げても、姿が見えているかぎりは、私たちは追跡をやめない。いや姿が見えなくても、足跡が残っていれば、やはり追いかけていくことができる。

長距離走なら、ヒトはウマに勝つことだってあるのだ。ウマほど長距離を走れないウシやシカなら、きっと私たちの追跡を逃れることはできない。ウシやシカを長時間走らせて、疲労や心臓麻痺で倒してしまえば、私たちは豪華な食事にありつくことができただろう。

## 怠け者のホモ・エレクトゥス

ホモ・エレクトゥスはそれまでの人類よりも脚が長く、尻の筋肉も発達していた。つまり、骨や筋肉が走ることに適応していた。じつはこのことに関連して、ダーウィンの自然淘汰説がおかしいのではないかという意見がある。

骨や筋肉の形や大きさは、遺伝だけで決まるものではない。スポーツ選手のようによく使えば発達するし、あまり使わなければ萎縮(いしゅく)する。寝たきりになって体を動かさないと骨量が低下するのは、その例である。

だから、ホモ・エレクトゥスが走ることに適した体をしていたのは、そういう遺伝子を持っていたことも理由の1つだが、そういう行動をしていたこともまた理由の1つと考えられる。

たとえば、怠け者のホモ・エレクトゥスがいたとしよう。小さいときから走るのが大嫌いで、立ち上がることもほとんどなく、いつもゴロゴロしながら近くの草の実を食べていた。

この怠け者のホモ・エレクトゥスに自然淘汰が働いたら、どんなホモ・エレクトゥスに進化するだろうか。いつもゴロゴロしているのだから、走るのに役立つ突然変異が起きても、広まらないだろう。むしろ、心臓を小さくするような突然変異が、広まるかもしれない。だって、運動もしないのに、大きな強い心臓を持っているのは無駄だからだ。そして、脚の骨は細くなり、筋肉も発達しないだろう。

したがって、周りの環境が同じでも、怠け者のホモ・エレクトゥスと、走るのが大好きなホモ・エレクトゥスは、異なる進化の道を進んでいくことになるだろう。

そこで、あるイギリスの研究者は、だいたい以下のような主張をしている(ただし、こういう考えは彼女だけのものではなく、わりと多くの人が主張しているようだ)。

(1)行動が変化すれば、そのような行動をうまくできる遺伝子が有利になって増えていく。つまり、どういう行動をするかによって、進化の方向が変わってくる。

(2)したがって進化とは、ダーウィンの言うような「すでに変異があって、生存闘争の結果、有利な変異が残る」という好戦的で受け身なものではなく、「行動によって、進化の方向が決まる」という平和で主体的なものである。

### 生存闘争の真実

さて、この意見について検討してみよう。本当にダーウィンは間違っていたのだろうか。ダーウィンの進化説に対するよくある誤解は2つだ。1つは、ダーウィンの進化説は「好戦的だ」というもので、もう1つは「受け身だ」というものだ。そのため、平和な進化論とか主体的な進化論というものが、いつの時代にも流行るのだろう。

まず、主張(1)と(2)について考えると、(1)は正しい。しかし(2)は、少しニュアンスがおかしい気がする。たとえば、こんな例を考えてみよう。森と草原があった。森にはシカが棲んでいた。草原にはウマが棲んでいた。ウマとシカは争うこともなく、平和に棲み分けて暮らしていた。こういう場合に、ダーウィンの言うところの生存闘争は起きているのだろうか。

もちろん起きている。生存闘争というのは、必ずしも血を流すような闘いを意味しているわけではないからだ。もしも夫婦で、平均2匹しか子供をつくらない生物がいたとしよう。そういう生物は、必ず絶滅する。なぜなら、事故や病気で死ぬ個体が1匹もいない、なんてことはないからだ。必ず何匹かは事故や病気で死ぬので、次の世代の個体数は必ず減る。それが続けば、早晩必ず絶滅してしまう。そのため、少なくとも事故や病気で死ぬ数を補うくらいは、子供を多めにつくらなくてはならない。

ということで、すべての生物は子供を多めに産む。そして、もしも（現実にはそういうことはないけれど）子供がすべて大人になるまで育って、その子供たちがまた子供をつくれば、どんどん個体数が増えてしまう。しかし、地球の広さや資源には限りがあるので、つまり地球には定員があるので、定員からあふれた個体は生きていけない。椅子取りゲームで考えれば、地球には一定の椅子しかないということだ。だから、どうしても椅子に座れない個体が出てきてしまう。したがって、椅子の数より1匹でも多くの子供をつくれば、生存闘争は自動的に起きてしまうのである。

生存闘争とは地球における椅子取りゲームのことで、すべての生物が必ず行っていることだ。もしも生存闘争をしない生物がいたら、地球はとっくにその生物で埋め尽くされているはずだ。だから、生存闘争をしない生物はありえないし、生存闘争を考えない進化論もありえないのだ。

生存闘争の「闘争」はたとえであって、血生臭いニュアンスはまったくない。ダーウィンも生存闘争という言葉に、血生臭いニュアンスを持たれることを心配して、何度も何度も「生存闘争というのはたとえである」と言っている。著書である『種の起源』の中で、平和にさえずっている小鳥たちも、生存闘争をしていることを述べている。

平和に棲み分けて暮らしている生物を見ると、私たちはつい生存闘争が起きていることを見逃してしまう。でも、生存闘争は起きている。なぜなら、生存闘争というのは、「天寿を全(まっと)うせずに死ぬ生物がいる」ことだからだ。先ほど述べたように、「天寿を全うせずに死ぬ個体がいない生物」はいない。そういう生物は絶滅するか、無限に増えるかのどちらかだからだ。

### ダーウィン進化論の誤解

ダーウィンの進化説に対するもう1つの誤解は、受け身で主体性がないということだ。たしかに、「ある環境に適応するように生物は進化する」と言われれば、進化は受け身なものだと考えたくなる。でもそう考えると、実際には生物の行動によって進化の方向が変わることもあるのだから、つまり生物は主体的に進化の方向を変えることができるのだから、ダーウィンの進化論はおかしいと思いたくなる。

　しかしダーウィンは、もとは1つの種だった子孫の行動などが多様になったために、異なる場所に広がって、進化していく可能性についても述べている。そして、そのことが種分化につながるとも考えていた。だから、行動によって進化の方向が変わることも考えていたのである。

　そして、何よりも重要なことは、非生物的な環境が変化しようと、周りの生物が変化しようと、進化の当事者である生物自身の行動が変化しようと、すでにあった変異の中から有利なものが選択されて広まっていくことに変わりはない。それが、ダーウィンの考えた自然淘汰だ。したがって、「行動によって進化の方向が変化する」ことは、すでにダーウィンが述べている自然淘汰の1つの形であって、自然淘汰説の中に含まれていると言ってよいだろう。

　ホモ・エレクトゥスは走り出した。走るのに適した体の構造は、「遺伝」と「走るという行動」と、その両者によってつくられた。そして、走るという行動によって、人類の進化の方向が大きく変わることになった。日常的な肉食ができるようになり、十分な栄養が摂れるようになったことで、脳の増大への道が開かれたのだ。

# 第12章　一夫一妻制は絶対ではない

## 人類が類人猿から分かれた理由

私たち人類が、チンパンジーに至る系統と分かれたのは、およそ700万年前と考えられている。分かれた理由としては、人類の配偶システムが一夫一妻的なものになったからだ、という説がある。でも、この説について、以下のような反論を聞いたり読んだりすることが多い。

「人類の本質が一夫一妻だなんて信じられない。だって、男は浮気とかすればたくさんの子供をつくれるのだから、一夫多妻が本来の姿ではないのか。それにいまだって、一夫一妻でない社会があるではないか」

そう言われれば、たしかにそうかな、という気もする。でも、どこか変な気もする。少し、この反論について検討してみよう。

まずは、一般論からだ。「オスとメスがいる生物では、オスはたくさんの精子をつくるが、メスは限られた数の子しか産めない。したがって、オスはなるべく多くのメスと交尾して、たくさんの子をつくろうとする傾向がある」。ここまでは、一般論としては正しいだろう。

でも、そこから「一夫多妻が本来の姿なのだ」と結論するのは正しくない。それなら、オスとメスがいる生物は、自然淘汰の結果、すべて一夫多妻になるはずである。でも、実際にはそうなってはいない。生物の行動は、そこまで単純ではないのである。

それでは次に、人類が他の類人猿から分かれた理由が一夫一妻的な配偶システムになったからだ、という説を簡単に紹介しておこう。

人類がチンパンジーと大きく違うところは2つある。直立二足歩行をすることと犬歯が小さいことだ。化石記録を見るかぎり、この2つはほぼ同時に進化したようだ。それは約700万年前、つまり人類が他の類人猿と分岐したときである。したがって、この2つの特徴が、人類というものを誕生させた可能性が高い。

直立二足歩行の利点はいくつか考えられるが、その中の1つは「両手が空くので食料を運べる」ことだ。しかし直立二足歩行は、人類以前には進化しなかった。その理由はおそらく、直立二足歩行には走るのが遅いという、重大な欠点があるからだ。この欠点が他の利点を上回っていたために、直立二足歩行は進化しなかったのだろう。いくら食べ物を手で運べても、運んでいる最中に肉食獣に食べられてしまっては元も子もないのである。

しかし、地球の歴史上初めて、人類では直立二足歩行の利点が欠点を上回ったので、直立二足歩行が進化した。そしてそれは、犬歯が小さくなったことと関係している可能性が高い。

## なぜ牙がなくなったか

犬歯が小さくなったということは、逆に言えば、昔は犬歯が大きかったということだ。大きな犬歯というのは、要するに牙(きば)だ。人類の祖先には牙があったけれど、人類になるときになくなったのだ。

では、なぜ牙がなくなったかを考える前に、そもそもなぜ牙があったのかを考えてみよう。チンパンジーには大きな牙がある。そしてチンパンジーは、小さなサルを襲って食べることもある。しかし、チンパンジーの食物の中で肉の占める割合は少なく、あくまで主食は果実などの植物だ。それなのに、チンパンジーには大きな牙がある。だから、これは獲物を捕まえるための牙ではない。ライオンやオオカミの牙とは違うのだ。

チンパンジーは多夫多妻的な群れをつくる。群れの中には複数のオスと複数のメスがいて、乱婚の社会をつくる。そのため、メスをめぐってオス同士で争いが起きる。このとき使われるのが、牙だ。この牙で相手を殺してしまうことも珍しくないようだ。

ところが人類には牙がない。だから、テレビのドラマを見ていると、犯人が人を殺すのにかなり苦労している。犯人は、拳銃とか刃物とか花瓶とか、わざわざ凶器を使わなくてはならない。チンパンジーなら、噛むだけで済むのに。

では、どうして人類には牙がなくなったのだろう。大きな犬歯(牙)をつくるには、小さな犬歯をつくるよりも、多くのエネルギーが必要である。その分、たくさん食べなくてはならない。だから、もしも牙を使わないのなら、犬歯を小さくしたほうがエネルギーの節約になる。したがって、もし牙を使わなければ、自然淘汰によって、犬歯は小さくなっていくだろう。

したがって人類は、あまり牙を使わなくなったと考えられる。おそらく、あまりメスをめぐって争うことがなかったのだろう。人類はチンパンジーより平和な生物なのだ。ちなみに、前に述べたアルディピテクス・ラミダスやアウストラロピテクス・アファレンシスなどの初期の人類も植物食だった。だから、マンガなどで原始人が、大きな骨を振り回して獲物を襲うところが描かれているが、初期の人類はそういうことはしなかった。

では、なぜ人類のオスでは、メスをめぐる争いが穏やかになったのだろうか。なにか、オスとメスの関係が変化したのだろうか。

現生の類人猿では、オランウータンと多くのゴリラは一夫多妻、ゴリラの一部とチンパンジーとボノボは多夫多妻的な群れをつくる。一夫多妻や多夫多妻の社会では、メスをめぐるオス同士の争いをなくすことは難しい。1頭のメスに、同時に複数のオスが集まるからだ。

一方、一夫一妻的な社会では、メスをめぐるオス同士の争いは、一夫多妻や多夫多妻の社会よりも穏やかになる。そのため、約700万年前の人類は、一夫一妻的な社会をつくるようになったので、オス同士の争いが穏やかになり、犬歯が小さくなった可能性がある。だから、一夫一妻的な社会を仮定すれば、犬歯が小さくなったことを説明できる。ところがそれだけでなく、直立二足歩行を始めたことも説明できるのである。

## 直立二足歩行と中間的な社会

直立二足歩行をすると、両手が空くので「食料を運べる」という利点があるけれど、「走るのが遅い」という欠点のほうが大きいので、直立二足歩行は（人類以前には）進化しなかったのだろうと述べた。しかし、もしも配偶システムが一夫一妻的に変化することによって、「食料を運べる」という利点がさらに大きくなれば、「走るのが遅い」という欠点を上回るかもしれない。そのときは、直立二足歩行が進化するはずだ。

食料を運ぶことによって、得をするのは誰だろうか。もちろん、運ぶ本人も得をするだろう。地面の上で食物を見つけても、その場でゆっくり食べていたら、肉食獣がくるかもしれない。だから食料を運んで、安全な木の上で食べたほうがよいだろう。でも、運ぶ人より、もっと得をする人がいる。それは運ばれる人だ。

たとえば子供は、自分で食料を探しに行くのが難しい。だから、食物が運ばれてくれば、子供は大きな利益を得ることができる。そして、この利益の大きさは、配偶システムによって変化する。

仮に、類人猿の集団の1頭（オスとする）に突然変異が起きて、直立二足歩行を始めたとしよう。このオスは両手が空いたので、メスや子供に食料を手で運んでくるようになった。すると、その子供は、食物を運んできてもらえない子供よりも、生き残る確率が高くなる。つまり、食料を運んできてもらうと、子供の生存率が高くなるわけだ。

　ここまでは、多夫多妻でも一夫多妻でも一夫一妻でも、話は同じである。しかし、この先が違ってくる。まず、一夫多妻の場合は、オスが子育てに参加することは考えにくい。子供がたくさんいるので、子育てはメスに任せることになるからだ。そこで、一夫多妻は除いて、多夫多妻と一夫一妻で考えよう。

　多夫多妻の場合、どの子が自分の子供なのか、オスにはわからない。したがって、直立二足歩行によって食物を運んで生存率を高くした子が、誰の子供なのかわからない。つまり平均的に考えれば、自分の子と他人の子の生存率に差は生じないので、自分の遺伝子を受け継いだ自分の子供が、生き残りやすくはならない。したがって、直立二足歩行をする個体は増えていかない。つまり、直立二足歩行は進化しないことになる。

　一方、一夫一妻の場合はどうだろうか。ペアになったメスが産んだ子は、ほぼ自分の子供と考えてよいだろう。したがって、直立二足歩行によって食物を運んで生存率を高くした子は、たいてい自分の子供だ。したがって、自分の遺伝子を受け継いだ自分の子供が、生き残りやすくなる。したがって、直立二足歩行をする個体が増えていく。つまり、直立二足歩行が進化することになる。

このように、一夫一妻的な社会を仮定すれば、直立二足歩行と小さい犬歯という2つの特徴を説明することができるのだ。とはいえ、この説を支持する証拠は、すべて間接的なものである。そこがこの説の弱みだが、現時点における有力な説であることは間違いない。

ただし、この説が正しいとしても、初期の人類において、完全な一夫一妻的な社会が成立していたとは考えにくい。一部の個体で、あるいは一時的に、一夫一妻的なペアが形成されるといった、中間的な社会だったと考えるほうが自然だろう。

しかし、不完全な一夫一妻的な社会でも、直立二足歩行は進化する。たとえほんの少しであっても、他人の子より自分の子のほうが生存率が高ければ、直立二足歩行は進化するのである。つい私たちは「全か無か」といった感じで、両極端だけを考えてしまう。でも実際には、中間的なことがほとんどなのだ。

## 人類の本質とは

古代ギリシアの哲学者、プラトンが語ったものに、イデアがある。たとえば三角形というものは3つの直線で囲まれた図形だが、じつは、そういうものは存在しない。紙に三角形を書いても、それは本当の三角形ではない。直線というものは本来太さがないものだが、紙に書いた直線には太さがある。

しかも、紙に書いた直線は、よく見るとまっすぐではなく、縁がギザギザで歪んでいる。そんなものを3本書いて囲ったところで、それは三角形にはならない。残念ながら現実の世界には、こういう不完全な三角形しかない。一方、完全な三角形は、どこか別の世界にある。この、完全な三角形のようなものをイデアと言うようだ。

この章の最初で述べた反論の前半は「人類の本質が一夫一妻だなんて信じられない」というものだった。たしかに、人類の本質と言われれば、イデアのようなものかなと思う。でも、人類にも本質ってあるのだろうか。

本質というと、何か不変なものというイメージがある。表面的には変わっても、本質は変わらない、という感じだ。でも生物の体は、すべての部分が進化する。つまり、すべての部分が変化する。だから、生物の体には、本当の意味で不変なところはない。

不変なところはないけれど、でも、変化しにくいところならある。たとえば遺伝子としてのDNAは、およそ40億年ものあいだ使われ続けてきた。こういうものなら本質と呼んでもよいのかもしれないけれど……果たして、一夫一妻を人類の本質と呼んでよいのだろうか。

人類というものは、配偶システムが一夫一妻的なものになったために、他の類人猿と分かれて、独自の進化の道を歩み始めた。そういう可能性が高いことを、先ほど述べた。でも、それが正しいとしても、もう７００万年も昔の話である。７００万年も経てば、いろいろなことが変化してもおかしくない。

特に、一夫一妻や一夫多妻や多夫多妻などの配偶システムは、わりと変化しやすい。たとえば、ゴリラはニシゴリラとヒガシゴリラの2種に分けられるが、ヒガシゴリラはさらにヒガシローランドゴリラとマウンテンゴリラの2亜種に分けられる。ヒガシローランドゴリラは一夫多妻的な群れをつくるが、マウンテンゴリラは多夫多妻的な群れをつくる。このように同じ種であっても、棲む場所によって異なる配偶システムが進化することがある。それなら、異なる種がたくさん含まれる７００万年の人類の歴史の中で、配偶システムが変化することは十分考えられる。

だから、一夫一妻が人類の不変の本質だと、保証することはできない。もし「一夫一妻的な配偶システムになったために人類は他の類人猿から分かれた」という説が正しくても、それは初期の人類が一夫一妻的だったと主張しているだけであって、現在のヒトについては何も述べていないからだ。

それでは、実際のところ、どうなのだろうか。

## 類人猿との比較

類人猿と比べることによって、私たちが一夫一妻に向いているのか考えてみよう。まずは体の大きさだ。

一夫多妻のゴリラやオランウータンは、メスよりもオスのほうが、かなり体が大きい。体重で比べた場合、ゴリラのオスはメスのほぼ2倍である。多夫多妻のチンパンジーやボノボはオスのほうがメスより少し体が大きい。一夫一妻のテナガザルでは、オスとメスの体の大きさはほぼ同じだ。私たちは、メスよりオスのほうが少し大きいので、チンパンジーやボノボに近い。つまり、その点では多夫多妻的だ。

精巣の（体の大きさに対する相対的な）大きさについても考えてみよう。チンパンジーやボノボは非常に大きい。これは、メスが一定期間に交尾するオスの数に関係すると言われている。メスが複数のオスと交尾すると、メスの体内において、それぞれのオスの精子のあいだで競争が起きる。そのとき、精子が多いほうが有利になるので、精巣が大きくなるように進化するのである。

一方、一夫多妻のゴリラの精巣は小さい。オスのゴリラは多くのメスと交尾するけれど、他のオスと精子競争をすることが少ないからかもしれない。そして、一夫一妻のテナガザルも精巣は小さい。ヒトの精巣は中間的だが、どちらかというと小さい。だから、どちらかというと、一夫一妻か一夫多妻的であって、多夫多妻的ではない。

ということで、これらの情報からでは、ヒトがどんな婚姻形態に向いているのかを決めるのは難しそうだ。

## 難産と社会的出産

それでは、初期の人類とも比較してみよう。私たちは初期の人類と、どこが違うのだろうか。

直立二足歩行や小さい犬歯は、人類に共通する特徴であり、初期の人類にも私たちにも当てはまる。一方、脳の大きさはかなり違う。初期の人類の脳はだいたい400ccぐらいで、チンパンジーと大きな差はない。しかし私たちの脳はだいたい1350ccぐらいで、チンパンジーの3倍以上ある。初期の人類と私たちのあいだで、もっとも大きく違うのは、おそらく脳の大きさだろう。それでは、脳が大きくなったことによって、配偶システムが変化した可能性はあるだろうか。

脳が大きくなることによって進化した特徴の1つは難産だ。難産については第10章で述べたが、簡単にまとめれば、人類は直立二足歩行をすることによって、少し難産になり、脳が大きくなることによって、さらに難産になった。ヒトはすべての哺乳類の中で、もっとも難産な種の1つである。

いつから難産になったのかは、よくわかっていない。約40万〜4万年前に生きていたネアンデルタール人が難産だったことは、化石の研究からほぼ確実だ。一説では、骨盤の形を根拠に、ホモ・エレクトゥス（約190〜10万年前）がすでに難産だったという。ともあれ、私たちヒトが、30万年前にアフリカで誕生したときに、すでに難産だったことはたしかだろう。

難産になったため、出産には誰かがつき添うことが多い。現在では医療機関で出産することも多いが、かつては出産する女性の母親や姉妹や親族の女性などが、つき添うことが普通だった。このように、出産中に誰かがつき添う社会的出産は、単なる文化的なものではなく、何十万年も前から行われてきた生物学的なものである可能性がある。

たとえばニホンザルは、しゃがんで出産する。赤ちゃんを産むときに重力の力を借りるわけだ。そして赤ちゃんは、顔を母親から見て前に向けた姿勢で、産道から出てくる。母親はしゃがんだまま両手を伸ばして赤ちゃんの頭をつかみ、産道からでてくるのを手伝う。そして赤ちゃんが出てきたら、そのまま腕に抱いてあげるのである。

一方、ヒトの出産は、ニホンザルよりはるかに難産だ。そのため、産道から出てきた赤ちゃんの頭を掴んで、引っ張りたくなる。しかし、人の赤ちゃんは、顔を母親から見て後ろに向けた姿勢で、産道から出てくる。そのため、母親が赤ちゃんの頭を引っ張ると、赤ちゃんの首が後ろへ折れてしまう危険がある。そのためヒトでは、他の誰かに赤ちゃんを取り上げてもらう必要があり、母親はその誰かから赤ちゃんを手渡されて、初めて抱くことができる。

このような赤ちゃんの産まれ方は、文化的な違いを越えた生物学的な、つまりヒトに一般的なものと考えられる。そのため、社会的出産は何十万年も前から行われていた可能性があるのだ。

## ヒトの赤ちゃんは一番世話が焼ける

このようにして生まれた赤ちゃんにも、私たちに特有な、大きな特徴がある。それは、とても無力だということだ。そのため、生まれたあともかなりの長期間にわたって、誰かに世話をしてもらわなければならない。

しかも、ヒトは短い出産間隔で子を産むことができるので、無力な赤ちゃんが1人ではなく何人もできてしまう。だから、とても母親だけでは世話をすることができない。

たとえばチンパンジーには、年子がいない。チンパンジーの出産間隔は5～7年だからだ。チンパンジーの授乳期間は4～5年と長く、そのあいだ、子育てをするのは母親だけである。母親1人では、乳飲み子を何人も世話することができないので、子供が乳離れするまでは、次の子供をつくらない。そのため、出産間隔が長くなるのである。他の類人猿も出産間隔は長く、ゴリラは約4年、オランウータンは7～9年である。

一方、ヒトの授乳期間は2～3年と短い。しかも、授乳期間が短いだけでなく、授乳しているあいだにも次の子を産むことができる。ヒトは類人猿とは違って、出産してから数か月もすれば、また妊娠できる状態になるのだ。だから年子も珍しくないし、幼い兄弟姉妹がたくさんいる場合もある。

しかし、こんなに子供がたくさんいたら、母親1人で世話をするのは不可能である。しかも、チンパンジーなどの類人猿の子供は、授乳が終わったらわりとすぐに独り立ちするが、ヒトの場合はそうではない。授乳が終わってからも、独り立ちするまでに長い時間がかかる。そのあいだも世話をしなくてはならない。何度も言うようだが、とても母親だけで、面倒を見られるわけがない。

そこでヒトは共同で子育てをする。父親はもちろん、祖父母やその他の親族が子育てに協力することもよくあるし、血縁関係にない個体が子育てに協力することも珍しくない。保育園のような活動は新しいものではなく、人類が大昔からやってきた当たり前のことなのだ。

これに関連して「おばあさん仮説」というものがある。多くの霊長類のメスは、死ぬまで閉経しないで子供を産み続ける。しかしヒトだけは、閉経して子供が産めなくなってからも、長く生き続ける。これは、ヒトが共同で子育てをしてきたために、進化した形質だというのである。母親だけでは子供の世話ができないので、祖母が子育てを手伝うことにより、子供の生存率が高くなった。その結果、女性が閉経後も長く生きること（おばあさんという時期が存在すること）が進化したというわけだ。なにしろヒトの赤ちゃんは、動物の中でもっとも無力で世話が焼けるのだ。

動物において一夫一妻が進化するのは、子供の世話が大変で、母親だけでは面倒が見きれないときが多い。私たちは明らかに、その条件を満たしている。その点では、ヒトは一夫一妻に進化しそうである。

さらに、ヒトの乳離れが早いのは、母親以外の誰かが子供の世話をできるように、進化した結果かもしれない。母乳をあげられるのは母親(あるいは母乳の出る他の女性)だけだが、乳離れをしたあとの子供の世話は、母親でなくてもできるからだ。これなら父親が子育てできる期間が長くなって、ますます一夫一妻が進化しそうな気がする。

しかし、私たちは社会的な動物なので、子供の世話を手伝うのは必ずしも父親でなくてもよい。出産した女性の親でも兄弟姉妹でも親戚でもよい。しかし、その場合でも、父親がいたほうが、いないよりは役に立つだろう。そういう意味では、ヒトはゆるやかな一夫一妻制に進化しそうである。

## 私たちは一夫一妻制に向いていないのか

昔の生活は単純だった。寒くなれば、ストーブを点けるしかなかった。暑くなれば、アイスクリームを食べるしかなかった(というわけでもなかっただろうが、そういうことにしておこう)。

しかし、それから時代が下って、生活は複雑になった。寒くなれば、ストーブを点けてもいいし、エアコンをつけてもいいし、床暖房をつけてもいい。熱くなれば、アイスクリームを食べてもいいし、エアコンをつけてもいいし、ミストをかけてもいい。しかも、アイスクリームが冬によく売れるようになった。部屋が十分に暖かくなったからだろう。

昔のように、生活が単純な場合は、行動にあまり選択肢がない。しかし、生活が複雑になれば、行動の選択肢が増える。同じ環境(たとえば寒さ)に対する反応でも、行動に柔軟性(たとえばストーブやエアコンや床暖房)がでてくる。その上、一見矛盾する行動が起きることさえある(たとえば冬なのにアイスクリームを食べる)。

ヒトは脳が大きくなって、行動が複雑になったことはたしかだろう。そのため、行動の選択肢が増えて、いろいろな配偶システムでもやっていけるようになったのではないだろうか。生まれた場所の文化にしたがって、そこの配偶システムに馴染んでいけるようになったのではないだろうか。

ヒト以外の動物の場合、たとえば一夫一妻の動物に、とつぜん多夫多妻の生活を押しつけても、うまくいかないだろう。でも私たちなら、一夫多妻の文化圏にいた人がとつぜん多夫一妻の文化圏(少ないが存在する)に引っ越しても、多分なんとかやっていける。まあ、最初は少し戸惑うかもしれないけれど。

私たちヒトは世界のさまざまな地域に住み、その地域によって、さまざまな配偶システムが存在する。一夫一妻も、一夫多妻も、多夫一妻も、多夫多妻も存在する。ヒトの行動には柔軟性があり、どの配偶システムでもそれなりにうまくやっていけるのだろう。それでも一番多いのは一夫一妻だ。子供の世話が大変なので、ゆるやかに一夫一妻に向かう進化傾向があるのかもしれない。しかし、そういう進化傾向があったとしても、文化的な影響のほうが大きいのだろう。そのため、さまざまな配偶システムが存在していると同時に、一夫一妻が多数を占めているのではないだろうか。

それでも、やっぱりヒトは一夫一妻に向いていない、という意見がある。人はかなり頻繁に浮気をするので、生物学上の父親でない父親が結構いるというのである。

実際のところ、生物学上の父親が違う割合はどのくらいなのだろうか。DNAによる父性鑑定の結果によれば、かなりセンセーショナルな割合が報告されたりしている。でも、それは当てにならないだろう。父性鑑定を受ける人には、もともと生物学上の父性を疑う理由があることが多いからだ。

したがって、たとえば遺伝性疾患による調査のほうが、まだ当てになる。子供に遺伝性疾患がある場合、父親が持っているはずの遺伝子というものがある。ところが、その遺伝子を調べてみると、まれに父親が持っていない場合があるのだ。その割合は、だいたい1～4パーセントぐらいである。これなら、それほどセンセーショナルな数字ではないだろう。

# 終章　なぜ私たちは死ぬのか

## 細菌は40億歳

昔の生物は死ななかった。でも、私たちヒトは必ず死ぬ。どうしてだろうか。

なぜ昔の生物は死ななかったかというと、細菌かそれに似た生物しかいなかったからだ。もちろん細菌も、環境が悪くなったり事故にあったりすれば、死ぬことはある。でも、好適な環境にいれば、細胞分裂を続けながら永遠に生き続けることができる。

細菌が細胞分裂をして2つの細菌になれば、つまり母細胞が細胞分裂をして2つの娘細胞になれば、もはや娘細胞は母細胞とは別の個体であり、母細胞はいなくなったとする考え方もある。その場合でも、母細胞が「死んだ」とはあまり言わないだろう。ここでは「死ぬ」という言葉は、「細胞の中で起きている化学反応などの活動が止まり、分解されて土や空気に還る」ことを指すことにしよう。そういう意味では、細菌は永遠に死なない可能性があるのだ。

地球上に生物がいた最古の証拠は、約38億年前のものである。生物が生まれたのは、とうぜん最古の証拠よりも前のはずだから、ざっと40億年ぐらい前のことだろう。ということで、とりあえず細菌が生まれたのを約40億年前とすれば、現在生きている細菌は約40億年のあいだ生き続けてきたことになる。つまり、細菌に寿命はないのだ。無限に細胞分裂を繰り返すことができるのだ。

## 寿命は進化によってつくられた

ところが、私たちには寿命がある。最近、世界の多くの地域で、私たちの平均寿命は大幅に伸びた。その一方で、最大寿命はあまり伸びていない。

最高齢の記録には不確実なものが多く、どこまでを事実と考えてよいのか難しいけれど、少なくともフランス人のジャンヌ・カルマン氏（女性、１９９７年没）が１２２歳まで生きたのは確実とされている。おおよそこの辺りが、私たちの寿命の上限と考えてよいだろう。いくら好適な環境で生きていても、永遠には生きられないのだ。

昔の生物には寿命がなかった。それから進化していく間に、寿命のある生物が現れた。

つまり、寿命というものは、進化によってつくられた可能性が高い。その結果、現在では寿命のない生物と寿命のある生物が両方いるのだろう。

細菌の1種である大腸菌は、栄養などの条件がよければ、およそ20分に1回分裂する。このペースで分裂を続けていけば、2日も経たずに大腸菌の重さは地球の重さを超えてしまう。もちろん実際には、そういうことは起こらない。なぜなら、ほとんどの大腸菌は死んでしまうからだ。

もしかしたら、あなたは神様にお願いするかもしれない。「私は死ぬのがいやです。だから私を、私を大腸菌にしてください」。でも、そんなことを神様にお願いしても、多分ろくなことにはならない。大腸菌に変えてもらったあなたは、多分そう長くは生きられない。だって、ほとんどの大腸菌はすぐに死んでしまうのだ。さっき言ったように、そうでなければ地球はたちまち大腸菌だらけになってしまう。平均余命で考えれば、大腸菌より私たちのほうがずっと長生きなのである。

地球の大きさは有限なので、そこで生きられる生物の量には限界がある。地球には定員があるのだ。だから、定員を超えた分の個体は、気の毒だけれど死ななくてはならない。たしかに、大腸菌のような細菌は、永遠に生き続ける可能性はある。とはいえ、長く生き続ける細菌はほんのわずかで、ほとんどの細菌はすぐに死んでしまうのだ。

　では、みんなが死なないで、いつまでも生きる方法はないのだろうか。

## シンギュラリティはすでに起きている

　じつは、みんなが死なないで、いつまでも生きる方法がある。分裂しなければよいのだ。あるいは、子供をつくらなければよいのだ。分裂したり子供をつくったりしなければ、個体数が増えないので、地球の定員を超えることはない。そして、みんなが、いつまでも永遠に生きることができる。

　あなたや家族や友人や、さらに赤の他人も含めて、ヒトには寿命がなく、永遠に生きられるとしよう。その場合は、もちろん誰も子供はつくらない。それが最低限のお約束だ。子供をつくったら人口が増えてしまう。生きている人が死なないのだから、子供をつくり続けたら、いつかは地球の定員を超えてしまう。しかし、よく考えてみると、子供をつくらないで永遠に生きるというのは無理みたいだ。

　およそ40億年前に、地球のどこかで有機物が組み合わさって、生物になりかけたところ……その有機物の塊を生物にしたのは、自然淘汰の力だ。自然淘汰が働かなければ、有機物の塊は、すぐにまた消えてしまっただろう。しかし自然淘汰が働き始めれば、有機物の塊をどんどん複雑な生物へと組み立てることができる。周りの環境に適応させて、なかなか消えない有機物の塊に、そしてついには生物にすることができるのだ。このように、有機物を生物にする力、さらに生物を環境に適応させて生き残らせることができる力、それはこの世に1つしかない。自然淘汰しかないのである。

さて、人工知能(Artificial Intelligence：略してAI)に関連して、シンギュラリティという言葉が広く知られるようになってきた。人工知能が発展して、社会の様々なところで活躍するようになってきた。すると、人工知能の発展に不安を持つ人々も現れてくる。人間の仕事が、人工知能に奪われてしまうのではないか、人工知能が人間の能力を超えるのではないか、そしてついにはシンギュラリティが来るのではないか、というのである。

シンギュラリティは「技術的特異点」と訳されることが多いが、「いままでと同じルールが使えなくなる時点」のことだ。具体的には「人工知能が、自分の能力を超える人工知能を、自分でつくれるようになる時点」のことである。そして、シンギュラリティが訪れれば、人工知能によって人類は絶滅させられるかもしれないというのである。

もしも人工知能が、自分より賢い人工知能をつくれるようになったとする。すると、新しくつくられた人工知能は、また自分より賢い人工知能をつくる。その新しい人工知能が、さらに賢い人工知能をつくる。これを繰り返せば、人間よりはるかに賢い人工知能が、あっという間に出現するはずだ。そして、私たちをはるかに超えた知性を持った人工知能が、私たちをどう扱うか。それがわからないので、不安になるわけだ。

ところでシンギュラリティは、生物の世界ではすでに起きている。生物のシンギュラリティは、自然淘汰が働き始めた時点だ。自然淘汰が働き始める前は、少し複雑な有機物ができたり消えたりを繰り返していた。しかし、自然淘汰が働き始めると、有機物の構造は一気に複雑になり、たちまち機能的になり、環境に適応するようになり、そして生物が誕生したのだろう。

そして生物になってからも、自然淘汰は働き続けている。そのため、環境が変わっても、暑くなっても寒くなっても、生物は絶えることなく40億年にわたって生き続けてきたのである。

したがって生物が誕生し、そして生き続けるためには、自然淘汰が必要なのだ。

## 「死」が生物を生み出した

　自然淘汰が働くためには、死ぬ個体が必要だ。自然淘汰には、環境に合った個体を増やす力がある。しかし、なぜそういうことが起きるかというと、環境に合わない個体が死ぬからだ。

　環境に合うとか合わないとかいうのは、相対的なものである。「より環境に合った個体が生き残る」ということは、「より環境に合っていない個体が死ぬ」ということなのだ。だから、自然淘汰が働き続けるためには、生物は死に続けなくてはならない。でも、死に続けても絶滅しないためには、分裂したり、子供をつくったりしなくてはならないのだ。だから、もしも死なないで永遠に生きる可能性のある生物がいたら、その生物には自然淘汰が働かない。自然淘汰が働かなければ、周りの環境に合わせて進化することができない。暑くなっても寒くなっても、地面が隆起して山になっても、地面が沈降して海になっても、みんな同じ形のまま変化しなかったら……そんな生物は環境に適応できなくて、絶滅してしまうだろう。永遠に生きる可能性のある大腸菌だって、環境が悪くなれば死ぬのだから。

　死ななくては、自然淘汰が働かない。そして、自然淘汰が働かなければ、生物は生まれない。つまり、死ななければ、生物は生まれなかったのだ。死ななければ、生物は、40億年間も生き続けることはできなかったのだ。「死」が生物を生み出した以上、生物は「死」と縁を切ることはできないのだろう。そういう意味では、進化とは残酷なものかもしれない。

# おわりに

先日、高校のときの友人と何十年ぶりかに会って、おどろくべきことを聞かされた。彼はある大学の医学部に入ったのだが、その医学部を受験した動機が私の言葉だと言うのである。

「お前なんか、絶対に○○大の医学部には、受からないよ」

高校生のときに、私が彼にそう言ったらしい。それで、こんちくしょうと思って頑張って受かったと言うのである。

私はまったく覚えていないが、彼がそう言うのだから、実際にそう言ったのであろう。殴ったほうは忘れても殴られたほうは忘れない、とはよく言うが、どうもそういうことらしい。人間の(というか私の)記憶というのは、自分に都合の悪いことは忘れてしまうようにできているようだ。私も失礼なことを言ったもので、申し訳ないことをした。

とはいえ、ものは言いようだ。たしかに私の発言は失礼だったが、もし本当にその言葉で発奮して大学に合格したのなら、かえってよかったとも言える（というのも自分に都合のよい解釈だとは思うけれど）。物事にはよい面と悪い面の両方があるということだ。

最後の章で、「死」が生物を生み出したことを述べた。それは、すべての生物は生存闘争をしている、と言い換えることもできる。第11章で述べたように、生存闘争をすることによって、自然淘汰が働くのだから。つまり、より環境に合わない個体が死ぬことによって、より環境に合った個体が増えていくのだ。ただし生存闘争といっても、実際に闘うとは限らない。じつは、死なないようにする行動、つまり生きようとする行動は、すべて生存闘争だ。寒くて凍えそうだから、少しでも暖かくなろうと思って、手を擦り合わせる。それも生存闘争なのだ。

気持ちよく晴れた春の午後。木々の梢を飛び回る小鳥たちが楽しそうにさえずっている。そんな小鳥たちは、いま何をしているのかというと……、もちろん生存闘争をしているのだ。

そよ風が吹く草原で、ウシが草を食んでいる。森林性の動物たちとは棲み分けて、のんびりと暮らしている。そんなウシたちが、いま何をしているのかというと……、もちろん生存闘争をしているのだ。

医者の友人が不治の病にかかった。医者は友人を助けようとして、最大限の努力をした。しかし残念なことに、友人は助からなかった。この医者と友人は何をしていたかというと……、もちろん2人は生存闘争をしていたのだ。

有限な地球で生きることは、大学の入学試験を受けるようなものだ。有限な地球で自分が生きているだけで、他の誰かが1人生きられなくなるのだ。大学の入学試験で自分が合格すれば、その分、1人は不合格になるのだ。

地球の大きさが有限である以上、生存闘争は必ず起きる。平和な風景で中の生物を見ていると、つい見逃してしまいがちだけれど、いつでもどこでも生存闘争は起きているのである。

そして生存闘争というのは、自然淘汰が働くための必要条件である。小鳥たちには空を飛ぶのに適した翼がある。ウシたちには草原を走るのに適した蹄（ひづめ）がある。これらは自然淘汰でつくられたものだ。したがって、そういう翼や蹄があることが、生存闘争が起きている証拠なのだ。

どうも「生存闘争」という言葉がよくないのかもしれない。「自分の命を大切にすること」とでも言い換えればよいのかもしれない。「生存闘争」とはかなりイメージが異なるけれど、同じ意味だから。

小鳥たちが飛び回る木々の梢や、そよ風が吹く緑の草原を生み出した進化をどう見るか。自分の命を大切にする平和な進化と見るか、生存闘争による残酷な進化と見るか。いや、そのどちらも正しい。それは単なる見方の問題であって、実際には1つのものを別の面から見ているだけにすぎない。

私の言葉によって大学に受かったのなら、その言葉には失礼な面もあるけれど、役に立った面もある。でも、実際に言った言葉は1つである。それをどう捉えるかは、人によったり状況によったりするけれど、とにかく言った言葉は1つなのだ。

さて、そういえば、地球がなくなってしまうので、あなたは他の星に移住するのであった。あなたはハロープラネットに相談に行ったが、そこでこんなことを思った。

バカにしないでよ、私を誰だと思ってるの？　ヒトよ。地球では、偉かったのよ。

でも、ヒトは別に偉くはない。だからといって、卑屈になることもない。他の生物がヒトより偉いわけでもないからだ。偉いとか偉くないとかいうのは、単なる見方の問題であって、実際には1つのものを別の面から見ているだけにすぎないのだ。

ヒトは単なる生物の1種である。でも、おそらくは脳が大きいために、自分を特別視するくせがついてしまったのではないかと思う。でも、そういう視点は、ヒトという種を見るときにも、他の生物を見るときにも、目を曇らせてしまうだろう。とはいえ、あるがままに見るというのは、なかなか難しいことでもある。それは、ときに残酷なものを見なければならないから。「世界をあるがままに見たうえで、それを愛するには勇気がいる」。フランスの文学者、ロマン・ロランが言ったことは、ヒトの進化を考えるときにも当てはまるようである。

最後になりましたが、多くの助言を下さったNHK出版の山北健司氏、そのほか本書をいい方向に導いて下さった多くの方々、そして何よりも、この文章を読んで下さっている読者諸賢に深く感謝いたします。

2019年9月

更科　功

更科 功　さらしな・いさお
1961年、東京都生まれ。
東京大学大学院理学系研究科博士課程修了。博士(理学)。
東京大学総合研究博物館研究事業協力者。
明治大学・立教大学兼任講師。
専門は分子古生物学で、主なテーマは「動物の骨格の進化」。
主な著書に『絶滅の人類史——なぜ「私たち」が生き延びたのか』
(NHK出版新書)、
『化石の分子生物学——生命進化の謎を解く』
(講談社現代新書、講談社科学出版賞受賞)、
『進化論はいかに進化したか』(新潮選書)など。

NHK出版新書 604

残酷な進化論
なぜ私たちは「不完全」なのか

2019年10月10日　第1刷発行
2019年12月25日　第4刷発行

著者　更科 功 
発行者　森永公紀
発行所　NHK出版
〒150-8081 東京都渋谷区宇田川町41-1
電話 (0570) 002-247(編集) (0570) 000-321(注文)
http://www.nhk-book.co.jp (ホームページ)
振替 00110-1-49701

ブックデザイン　albireo
印刷　新藤慶昌堂・近代美術
製本　藤田製本


Printed in Japan ISBN978-4-14-088604-5 C0245

NHK出版新書好評既刊

## NHK出版新書好評既刊

**宅地崩壊**
なぜ都市で土砂災害が起こるのか
釜井俊孝
豪雨や地震による都市域での土砂災害は、天災なのか？ 戦後の「持ち家政策」の背景と宅地工法を辿り、現代の宅地の危機を浮き彫りにする！
582

**腐敗と格差の中国史**
岡本隆司
なぜ党幹部や政府役人の汚職がやまないのか？ なぜ共産主義国で貧富の差が拡大するのか？ 実力派歴史家が超大国を蝕む「病理」の淵源に迫る！
583

**富士山はどうしてそこにあるのか**
地形から見る日本列島史
山崎晴雄
関東平野はなぜ広い？ リアス海岸はどうしてできる？ 富士山が「不二の山」の理由とは。足下に広がる大地の歴史を地形から読む。
584

**55歳からの時間管理術**
「折り返し後」の生き方のコツ
齋藤 孝
いよいよ「人生後半戦」に突入した50代半ば。気がつくと〝暇〟な時間が増えてきた。ついに手に入れた自由な時間を、いかに活用すればよいか？
585

**臓器たちは語り合う**
人体 神秘の巨大ネットワーク
丸山優二
NHKスペシャル「人体」取材班
生命科学の最先端への取材成果を基に、従来の人体観を覆す科学ノンフィクション。大反響を呼んだNHKスペシャル「人体」8番組を1冊で読む！
587

**コケはなぜに美しい**
大石善隆
岩や樹木になぜ生える？「苔のむすまで」はどれくらい？ 静寂と風情をつくるコケの健気な生き方を、200点以上のカラー写真とともに味わう。
588